숲에서
긍정을
배우다

숲에서 긍정을 배우다

초판 1쇄 발행 2016년 5월 1일

지 은 이 임휘룡
발 행 인 권선복
편집주간 김정웅
디 자 인 이세영
교   정 정희철
전 자 책 신미경
발 행 처 도서출판 행복에너지
출판등록 제315-2011-000035호
주   소 (157-010) 서울특별시 강서구 화곡로 232
전   화 0505-613-6133
팩   스 0303-0799-1560
홈페이지 www.happybook.or.kr
이 메 일 ksbdata@daum.net

값 15,000원

ISBN 979-11-5602-368-5   03530

Copyright ⓒ 임휘룡, 2016

도서출판 행복에너지는 독자 여러분의 아이디어와 원고 투고를 기다립니다. 책으로 만들기를 원하는 콘텐츠가 있으신 분은 이메일이나 홈페이지를 통해 간단한 기획서와 기획의도, 연락처 등을 보내주십시오. 행복한에너지의 문은 언제나 활짝 열려 있습니다.

숲에서
긍정을
배우다

임휘룡 지음

도서
출판 행복에너지

저는 자연을 사랑하고 숲을 좋아하는 에코 디자이너*입니다.

제 이름은 수풀 림林 빛날 휘輝 용 룡龍으로 '숲 속에서 빛나는 용'입니다. 즉 태어날 때부터 숲과 인연을 맺고 태어났다고 볼 수 있습니다.

저는 혈기 왕성했던 청년 시절에 9급 공무원으로 공직에 입문하여 공무원 36년 동안 경상북도 영덕군에서부터 시작하여 영주군, 경산군을 거쳐 대구광역시 동구청 대구시 녹지과, 서울특별시 조경과, 녹지과, 서울시 한강관리사업소, 노원구, 용산구, 광진구 등 서울시 여러 부서 공원녹지 분야에서 근무하였습니다. 2013년 말 성북구 공원녹지과장으로 정년퇴임을 한 후로 산림과 조경 엔지니어링 특급기술자로서 스마일그룹 총괄본부장으로 근무하고 있습니다. 또한 조경학박

* 에코 디자이너: 자연생태 디자인을 전문으로 하는 사람

사학위를 받고 2015년부터 상명대학교에서 〈생태문화와 에코토피아〉라는 주제로 강의를 하면서 제가 정년퇴직한 성북구 "평생학습관"과 "서울시 도심 인생 이모작 지원센터"에서 자연과 함께 나를 찾아 떠나는 힐링 여행이란 주제로 시민을 상대로 강의를 하고 있습니다. 이러한 강의를 통해 저의 재직 중 경험을 후배들, 주민들과 공유하는 것은 저의 보람이며 제 인생 이모작의 출발입니다.

이 책『숲에서 긍정을 배우다』에는 제 숲에 관한 외길 인생이 담겨 있습니다. 공무원으로 활동하면서 깨달았던 이야기, 공원녹지와 관련된 복지정책 등 제 인생을 아우르는 자연과 함께하는 삶의 철학을 독자 여러분께 쉽고 친근하게 전달하고자 합니다.

또 '긍정의 위대한 힘'을 이 책에 담고자 하였습니다. 제목에서도 알 수 있듯이 제가 진실로 말하고 싶었던 바는 숲 속에 삶의 지혜가 있고 긍정에너지가 숨어 있다는 것입니다.

우리가 찾는 행복이 멀리 있는 것이 아니며 우리들의 집 뒤뜰에, 뒷동산 숲 속에 깃들어 있음을 저는 믿습니다. 독자 여러분들께서 이 책을 읽고 숲 속 삶의 지혜와 긍정에너지를 찾아 행복을 누리신다면 글쓴이로서 더할 나위 없이 기쁠 것 같습니다.

伯林 임 휘 롱

어느 날, 한 초로의 공무원을 만났습니다.

잠깐의 대화만으로도 자연과 숲을 사랑하는 그의 열정을 느낄 수 있었고, 그이와 저는 '가장 생태적인 것이 가장 아름다운 것'이라는 진리 안에서 금방 허물없이 친해질 수 있었습니다.

공직에 있는 동안 국민을 위한 충실한 봉사자로서 산과 강과 습지를 발로 뛰며, 시민들에게 자연과 숲이 주는 혜택을 누리게 하고 야생동물에게는 안심하고 살 만한 곳을 만들어주려는 노력을 통해, '생태계서비스'와 '생태복지'를 구현하기 위한 꼭짓점에 그가 있었습니다.

적지 않은 나이에 새로 시작한, 결코 쉽지 않은 학문의 길을 걸으며 주경야독을 통해 그가 평생 고민했던 자연과 숲의 많은 이야기들을 생태문화라는 이름으로 정립하였고, 결국 박사학위를 통해 아무도 할 수 없었던 그린인프라로서의 숲의 생태문화서비스와 시민들을 위한 생태복지로서의 모델을 완성해 내었습니다.

평생을 서울시와 우리나라 국토의 생태환경을 위해 바친 그는, 자신의 길에 대한 사명감에 학문적 열정까지 더하여 이제 대학캠퍼스와 여러 교육기관을 아우르며 그의 소중한 땀으로 맺어진 경험을 함께 나누고 있습니다.

작지만 큰 책『숲에서 긍정을 배우다』에는 그가 몸소 구석구석 발로 누비며 머리로 이해하고 가슴으로 느꼈던 땀과 열정이 담겨져 있습니다. 이 책을 통해 힐링을 경험하며 행복과 사랑을 느껴보는 것은 다른 어느 경험을 통해서도 얻기 힘든 또 다른 기쁨이 아닐 수 없습니다.

백림伯林 임휘룡 박사.

36년 공직을 떠나 인생 이모작으로 다시 도전하는 그는, 진정한 생태문화 이론가이며 실천가라고 감히 단언할 수 있습니다.

구본학
상명대학교 교수

마음과 발로 현장을 온전히 뛰어온

학술탐구의 저력이 단연 돋보입니다.

구절구절 푸른 글 잎맥으로

새롭게 돋아나게 한

내공 깊은 자연 심미안이 빛납니다.

이 책에는 여러 가지 반려식물과

좋은 명상글이 나옵니다.

그리하여 독자 곁에 길이 벗 될

반려서적이 되어 줄 것입니다.

이학영

한국생태환경연구원 원장, 생태인문학 교수, 시인, 박사

프롤로그 ··· 004

추천의 글 ··· 006

자연으로 돌아가라

01 × 자연으로 돌아가라 ··· 016

02 × 가장 아름다운 것은 자연이다 ··· 022

03 × 차경(借景)이 아름다운 집이 힐링집이다 ··· 026

04 × 구멍은 물고기 집 ··· 031

05 × 숲은 의사 없는 병원 ··· 037

06 × 생활에 활력을 주는 숲치유 ··· 042

07 × 습지는 생명의 보고(寶庫)이다 ··· 046

08 × 그린 인프라와 생태계 서비스 ··· 052

09 × 우리들의 생태 발자국이 너무 크다 ··· 056

10 × 문명 앞에 숲이 있었고 문명 뒤에 사막이 남는다 ··· 063

숲은 우리의 생명이다

01 × 숲은 생명의 터전이다 ⋯ 070

02 × 아차산 생태공원과 자연생태교육 ⋯ 078

03 × 북한산 개운산 생태 체험관 ⋯ 084

04 × 애들아 숲에서 놀자 ⋯ 090

05 × 에코힐링산책코스 개발로 건강도시 탄생하다 ⋯ 099

06 × 40년 만에 되찾은 북악하늘길 ⋯ 105

07 × 그린 복지 서비스 ⋯ 116

08 × 반려식물을 아시나요 ⋯ 122

09 × 남을 배려하는 조경 문화 ⋯ 129

10 × 비오톱이 풍부한 생태도시가 행복도시이다 ⋯ 134

숲에서 긍정을 배우다

01 × 숲에서 배우는 긍정에너지 … 142

02 × 자연과 함께하는 행복 … 148

03 × 휴머니즘 … 153

04 × 슬로우 라이프(slow life)가 진정한 행복 … 160

05 × 숲해설가와 도시농업전문가로 태어나다 … 166

06 × 공원녹지가 곧 공공복지이다 … 174

07 × 소나무 이야기 … 181

08 × 신토불이(身土不二) 도시농업 … 186

09 × 기회는 준비된 자의 것 … 191

10 × 나의 꿈 행복디자이너 … 196

긍정에너지 행복바이러스

01 × 그럼에도 불구하고 긍정합시다 … 204

02 × 나를 바꾸는 긍정 바이러스 … 209

03 × 인생에 중요한 세 가지 … 214

04 × 당신은 잡초가 아닙니다 … 220

05 × 나를 감탄하라 … 225

06 × 당신에게 일어나는 기적 … 231

07 × 역경, 삶의 탄력 … 238

08 × 삶의 균형을 잡아주는 등짐 … 244

09 × 나에게 주는 하프타임 … 250

10 × 펀(Fun) 마인드 컨트롤 … 255

스마일그룹에서 하는 일 … 264

출간후기 … 268

자연으로
돌아가라

01

자연으로 돌아가라

1

영국 런던에 가면 하이드파크라는 큰 공원이 있습니다. 그 공원은 옛날 귀족들의 사냥터였다가 산업혁명 후 시민들의 휴식 공간을 위해 공원으로 만들어졌다고 합니다. 이것이 현재에 와서는 근대공원의 시조라 일컬어지고 있습니다.

제가 뉴욕 선진지 답사 갔을 때의 일입니다. 아침 일정으로 맨해튼에 있는 센트럴파크에 갔는데 무슨 체육행사를 하는지 많은 사람들이 조깅을 하고 있었습니다. 호기심에 확인해보니 행사는 없었습니다. 제가 본 광경은 그곳에서 매일 볼 수 있는 일상적인 풍경이었던 것입니다. 1858년에 개장한 센트럴파크는 맨해튼 중심에 위치한 인공 공원입니다. 여의도보다 커다란 1백만 평 규모의 푸른 숲과 초원으로 조성된, 도시 공원의 효시라 할 수 있습니다. 넓은 잔디밭에서 시민들이 일광욕을 즐기고 맨해튼의 빌딩숲들이 공원을 에워싼 모습은 도심 속에서 자연과 평온을 느끼게 하며 뉴욕 시민들에게 산소를 공급하는 허파 역할을 하고 있습니다. 뉴욕 맨해튼의 삼대 명물은 엠파이어스테이트 빌딩과 자유의 여신상 그리고 센트럴파크라고 하지요. 뉴욕 맨해튼 시민들은 그중 센트럴파크를 최고로 생각한다고 합니다. 미국의 최고 명물이 자유의 가치를 수호하는 여신도 아니고 어마어마한 규모를 자랑하는 빌딩도 아니고 공원이라니 놀랍지 않은가요? 그것은 곧 자연이 우리에게 그만큼 중요하다는 것을 말해주고 있지요. 혹자는 뉴욕 중심 맨

뉴욕 맨해튼 센트럴파크

해튼에 센트럴파크가 없었나면 그만한 정신병원이 설립되었을 거라고 합니다. 그만큼 공원이 시민 정신건강에 기여하고 있다는 것을 말해주는 것입니다.

2

옛날 농경사회에서는 공원녹지가 별 의미도, 중요성도 없었습니다. 이유는 간단합니다. 가까운 주변 어느 곳에서나 자연을 보고 경험할 수 있었기 때문입니다. 하지만 시간이 흐르고 도시화되면서 자연을 접할 기회가 적어졌습니다. 자연으로 돌아가고자 하는 것은 인간의 본능입니다. 요즘 도심을 벗어나 전원을 찾고 귀농귀촌 인구가 늘어나는 것은 자연스러운 현상이라고 볼 수 있습니다.

우리가 자연을 벗으로 겸손과 배려를 배우고 따뜻한 눈으로 주위를 바라볼 때 마음속에 정다운 사랑의 문이 열려 우리의 삶도 아름답고 윤택해질 것입니다.

마음의 의미

뒤샹은 변기를 미술작품으로 내놓았습니다.

사람들은 변기를 그저 변기로 바라보는데 말이죠.

여기서 마음의 중요성을 짚어볼 수 있습니다.

원하는 대로 원하여지는 것.

보고 싶은 대로 보게 되는 것.

느끼고 싶은 대로 느낄 수 있는 것.

아름답다고 생각하면 정말 아름다운 것.

우리의 육체는 정신에 앞서지 않습니다.

그리고 정신은 마음에 앞서지 않습니다.

아무리 아름다운 여인이라 해도

눈에서 예쁠지언정 마음에 담기지 않으면

그것은 그저 내 마음에 들지 않는 예쁜 여인일 뿐입니다.

이렇듯 세상은 자신의 마음대로 흘러갈 수 있습니다.

최소한 자신의 인생은 그렇습니다.

마음의 중요성을 다시 한번 느껴보고

자신의 삶을 설계하는 자신의 삶의 주인공이 되셨으면 합니다.

긍정적 사고

'할 수 있다.', '해내고야 말겠다.'는 자신감은 바로 성공의 원동력이죠. 이러한 긍정적 사고로 무장한 '의지'의 뜻깊은 이야기가 있어 소개하고자 합니다.

여기 두 세일즈맨의 이야기가 있습니다.

구두 제조회사의 세일즈맨인 두 사람을 본사에서 아프리카로 시장조사차 파견했습니다. 두 세일즈맨은 저마다의 능력을 다해 시장개척 여부를 판단해서 본사로 전보를 쳤죠. 한 사람의 전보는 이러했습니다.

"이곳 아프리카에 오니 전혀 구두 신은 사람을 볼 수가 없음. 그들은 구두가 무엇인지조차 모름. 따라서 시장개척의 여지가 전혀 없음."

그러나 또 한 사람의 전보는 이러했습니다.

"아프리카에 와 보니 구두를 신은 사람은 아직 한 사람도 없음. 그러므로 구두를 팔 수 있는 가능성은 무궁무진함."

자, 여러분은 어떤 세일즈맨과 같다고 생각합니까? 한 사람은 부정적 사고를 가졌고, 다른 한 사람은 긍정적 사고를 지닌 사람이었습니다. 에스키모에게 냉장고를, 신혼부부에게 관을 팔아야 일류 세일즈맨이란 역설도 있지만, 이것은 모두 긍정적 사고의 중요성을 말하기 위해 있는 말이죠.

여러분이 잘 아는 맥아더 장군이 한국전쟁 당시 인천상륙을 감행할 때도 마찬가지였습니다. 참모들은 상륙작전이 불가능하다고 경고했습니다. 사실 역사상 500번의 상륙작전 중 2차 대전 때 노르망디에 상륙한 작전을 빼놓고 승리를 구가한 작전은 하나도 없었습니다. 그러니까 성공확률이 5백분의 1에 불과했던 거죠.

그러나 이런 보고를 받은 맥아더는 단호히 결단을 내렸습니다.

"성공했던 기록만 있으면 돼! 나도 해내고야 만다."

결국 맥아더는 인천상륙에 성공했고 역사상 가장 위대한 군인 중 한 사람으로 기록되게 되었습니다. 긍정적 사고는 불가능을 가능으로 바꿔주고, 결단력을 키워주는 것입니다.

우리가 성공이라고 말하는 모든 영광은 불가능과의 도전에서 이긴 것임을 알아야 할 것입니다.

가장 아름다운 것은 자연이다

이 시대 조경의 흐름은 '자연으로 돌아가라.'입니다. 1970~1980년 대에는 인위적인 모습으로 마치 알록달록 모조품 같았지만 1990년대 이후에는 자연 풍경식으로 바뀌었습니다. 최근 복사조경이라고 하는 말에서 보듯이 조경의 최대 가치를 자연 보습의 '재현'에 초점을 맞추는 것입니다. 옛 뒷동산을 그대로 떠온다는 것입니다. 죽은 나무, 별 볼 일 없는 풀밭까지 말입니다. 최근 수경 시설 도입에 있어서는 아예 계곡의 사진을 찍어서 그대로 탁본 설계를 한다고 합니다. 이런 추세를 볼 때 우리는 현재 우리의 심미관과 가치관을 들여다볼 수 있습니다. 그건 바로 손대지 않은 자연 그대로의 모습이 가장 아름답다는 것입니다. 그만큼 사람들 마음속에는 예술적 가치로서 자연의 가치가 매우 높음을 증명하는 것입니다. 그렇습니다. 자연의 아름다움은 따라갈 수는 없는 법입니다. 우리가 연기자나 가수를 일컬을 때도 때론 미인을 일컬을 때도 '자연스럽다' 이 말을 가장 먼저 하는 것도 같은 이유에서일 것입니다. 🍃

낙동강이 감싸고 있는 예천군 용궁면 회룡포 마을

가득한 시간 속
안타까운 시간

시간에 대해서라면 할 말이 참 많습니다.

60년 넘게 살아온 시간 속에서는

정말 치열했고 뜨거웠던 시간이 있는 반면

나태하고 게으르게 낭비했던 시간도 있습니다.

여러분은 어떠신가요?

누군가 그랬습니다. 인생을 되돌아봤을 때에야

진정으로 어떤 인생인지 보인다고 말입니다.

그렇습니다. 하루에 충실하면 인생에 충실한 것입니다.

한 시간에 충실했다면 그 무수한 한 시간 또한 그럴 것입니다.

가치 있게, 즐겁게, 행복하게 시간을 보냈다면

그 시간은 가치 있고 즐겁고 행복한 인생을 선물해 줄 것입니다.

시간은 가득하지만 그것이 시간의 어두운 유혹일 수도 있습니다.

가득한 시간이라 생각하지 마시고 안타까운 시간이라 생각하면서

하루하루의 의미를 되새겨보는 기회를 가져보는 건 어떨까요.

귀중한 시간을 사용하는
세 가지 방법

** 현재 속에 살기

행복과 성공을 원한다면
바로 지금 일어나는 것에 집중하라.
소명을 갖고 살면서
바로 지금 중요한 것에 관심을 쏟아라.

** 과거에서 배우기

과거보다 더 나은 현재를 원한다면
과거에 일어났던 일을 돌아보라.
그것에서 소중한 교훈을 배워라.
지금부터는 다르게 행동하라.

** 미래를 계획하기

현재보다 더 나은 미래를 원한다면
멋진 미래의 모습을 마음속으로 그려라.
그것이 실현되도록 계획을 세워라.
지금 계획을 행동으로 옮겨라.

스펜서 존슨 『선물』 중에서

03

차경(借景)이 아름다운 집이 힐링집이다

우리 집 거실에서는 '앞산이 보인다', '들판이 보인다' 하고 자랑을 합니다. '산에 꽃이 피는 게 보인다' 이런 말도 들을 수 있습니다. 이처럼 멀리 나가지 않고서도 자신의 집 거실에서 자연을 누릴 수 있는 것. 이것을 조경에서는 외부의 아름다움을 차용하고 빌린다 하여 차경借景이라 부릅니다. 차경이란 즉 돈 안 들고 아름다움을 만끽한다는 뜻입니다. 요즘은 차경이 멋진 집이 좋은 집이고 그런 집은 다른 집보다 비싸기 마련입니다. 그만큼 우리의 관심사가 자연으로 이동하고 있는 것입니다. 여러분 댁의 차경은 어떻습니까? 물론 돈을 많이 들여서 좋은 부지에 좋은 차경을 얻는다면 더할 나위 없이 좋겠으나 꼭 자연의 혜택을 누리는 방법이 그렇게 한정적이지만은 않습니다. 거실에 실내 공기 정화에 좋다는 관음죽, 행운목, 스킨답서스, 안스리움, 아레카야자 등 관엽식물 화분 몇 개를 배치하면 어떨까요? 마당이 있다면 주말에 아이의 손을 잡고 작은 밭을 가꿔보는 건 어떨까요? ✎

차경(借景)

나의 생활지표

저는 저만의 생활 규칙을 가지고 살아가는 사람입니다.

어쩌면 학창 시절 방학 때 시간표 같은 의미일 것입니다.

그때를 돌아보면 잘 지켜지지도 않고

마음먹은 게 늘 마음뿐일 때가 많았던 것 같습니다.

하지만 현재 저의 생활지표는

하루하루를 마치 점검하듯

그리하여 조금은 숨찰 수 있는 방식으로 짜지 않습니다.

별것은 없습니다.

어찌 보면 사소한 일입니다.

하지만 작은 습관 하나가 위대한 인생을 만든다고

저는 아직도 굳게 믿고 있습니다.

오늘도 저는 저의 생활지표와 같이 살기 위해 노력합니다.

1. 명상시간 갖기

-성공적 암시를 통해 image를 재창조한다.

2. 낙관적 관념 갖기

-항상 긍정적인 사고의 생활화로 낙천적인 마음을 갖는다.

3. 규칙적 생활습관 갖기

-리듬 있는 생활로 생산적인 하루를 만든다.

4. 건강한 체력 유지하기

-왕성한 활력은 모든 일의 기본이다.

5. 화목한 가정 만들기

-혈육으로 뭉쳐진 가정은 진정한 행복의 요람.

6. 웃는 얼굴 갖기(수시연습)

-밝은 얼굴에 좋은 일이 찾아온다.

7. 감사한 마음 갖기

-세상의 모든 인연에 대해 진실로 감사하게 느낀다.

8. "반갑습니다." 인사하기

-활기찬 인사는 생활의 활력을 준다.

9. 칭찬의 생활화하기

-적극적 칭찬은 인간관계를 향상시킨다.

10. 단계별 목표 갖기(1달, 1년, 10년, 일평생)

-원대한 목표는 위대한 운명을 만든다.

나쁜 날씨란 없다

내 친구 앨던은

날씨로 인해 나쁜 영향을 받지 않는다.

그는 늘 이렇게 이야기한다.

"나쁜 날씨란 없어요. 어떤 날씨든

얼마든지 즐길 수 있다는 사실을 알게 되었거든요.

비 오는 닐을 좋아하겠다고 생각하면

정말로 비 오는 날이 좋아졌지요.

내가 원하는 대로 날씨를 만들 수 없다면

차라리 하루하루 내게 주어지는 날씨를

맘껏 즐기는 편이 낫지 않겠어요?

정채봉의 『처음의 마음으로 돌아가라』 중에서

04

구멍은 물고기 집

물고기들은 어떤 곳을 좋아할까요?

1980년대 초 서울시에서는 한강 이용 활성화를 위하여 한강 고수부지에 시민공원을 조성하였습니다. 문제는 공원을 조성할 때 전 구간을 콘크리트 호안블록으로 수변을 쌓고 반경의 수심을 똑같이 한데 있었습니다.

이로 인해 원래 한강의 주인인 물고기들이 서식처를 잃게 되었습니다. 본래 물고기는 수초가 있어 은폐가 되고 수심이 약간 얕고 햇빛이 비치고 따뜻한 물에서 알을 낳는데 호안 공사를 일제히 실시하여 모두가 수심이 똑같아져 버린 것입니다. 이것은 생태적 접근이 아예 배제된 것으로 물고기 개체수가 줄 수밖에 없었습니다. 알을 어렵게 낳는다 해도 알을 보호하고 숨길 만한 은폐 장소가 없어진 것입니다. 이로 인하여 한강어류 종 다양성에도 문제가 생긴 것입니다.

어린 시절 물고기잡이 때 돌 사이 구멍에 숨어있는 물고기를 잡던 것이 생각납니다. 자연에서 모든 생물들은 자신만의 서식처를 마련하기 때문입니다. 아무튼 한강에 서식하는 물고기와 양서류, 파충류 등 모든 동물들의 생태적 습성을 고려한 자연생태 호안으로 되돌리는 사업을 2015년 서울시에서 발주했다고 합니다. 늦었지만 다행입니다. 이런 문제점을 보완하여 물고기들이 살기 좋은 자연생태 하천 한강이 되었으면 좋겠습니다.

한강 시민공원

I can
성공 10계명

누구나 자신만의 성공 철학이 있을 것입니다.

제 성공 철학의 주요한 점은 '불굴의 의지'입니다.

어떤 고난과 시련이 닥쳐와도 그것을 뚫고 가는 힘.

자신의 금빛 미래를 위해서라면

모든 것을 바쳐 모든 것을 이루고야 말겠다는 힘.

철저하게 자신을 점검하며 나태와 같은 욕망에

휘둘리지 말겠다는 의지를 게을리하지 않는 힘.

저는 이러한 힘으로 오늘을 살아갑니다.

그리고 이러한 오늘은 저의 금빛 미래가

되어줄 것이라 확신합니다.

1. 나는 성공하기 위해 나의 무한한 잠재능력을 최대한 발휘한다.

2. 나는 내가 하고 싶은 일, 좋아하고 소망하는 일에 온 열정을 다한다.

3. 나는 Vision 및 목표달성에 필요한 실행계획을 세워 목표가 달성될 때까지 철저
   하게 이행한다.

4. 나는 나눔을 실천하며, 인생여정을 멋있게 마무리한다.

5. 나는 항상 좋은 생각, 좋은 감정을 유지할 수 있도록 긍정적이며 적극적인 사고로 매사에 임한다.

6. 나는 나쁜 습관, 고정관념, 부정적 사고를 과감히 던져버리는 변화와 혁신에도 주저하지 않는다.

7. 나는 나와 관계를 맺고 있는 모든 이들과 윈윈마인드로 인간관계를 돈독히 하는 데 최선을 다한다.

8. 나는 가족, 친지, 친구 성공 멘토로서의 역할을 성실히 수행할 것을 다짐한다.

9. 나는 나의 도움을 필요로 하는 모든 이들과 사회를 위해 재능을 함께 나눈다.

10. 나는 어떤 역경과 고난의 환경에서도 중단 없이 매일매일 S=B&A 훈련을 실천한다. (Success = Belief & Action)

국민암
예방 수칙

암만큼 무서운 질병은 없다고들 합니다.

그리고 암만큼 어떤 전조도 없이

파고들어오는 질병도 없다고 합니다.

생각해보면 무섭습니다.

어느 날 내가 암 말기라는 진단 앞에 서 있는 기분.

얼마나 허무하고 절망적이겠습니까.

암은 고통을 느낄 만한 단서 없이 파고들어오는 질병이기 때문에

이런 일이 벌어질 수 있다고 의사들은 말합니다.

그러나 우리에게 이런 일이 벌어져선 안 됩니다.

나를 지키고 가정을 지켜야 합니다.

국민 암 예방 수칙을 늘 실생활에 가까이하고

접목시켜 건강한 대한민국이 되는 그날을 꿈꿔봅니다.

1. 금연과 담배 연기 피하기.

2. 채소, 과일을 충분히 먹고 균형 잡힌 식사하기.

3. 짜지 않게 먹고 탄 음식 먹지 않기.

4. 술은 마시더라도 하루 2잔 이내로 마시기.

5. 주 5회 이상, 하루 30분 이상, 땀이 날 정도로 운동하기.

6. 체중 유지하기.

7. 예방접종지침에 따라 예방접종 받기.

8. 안전한 성생활.

9. 발암성 물질에 노출되지 않도록 안전수칙 지키기.

10. 정기검진을 빠짐없이 받기.

05

숲은 의사 없는 병원

숲을 공부하면 피톤치드란 용어가 요즘 참 많이 나옵니다. 피톤치드phytoncide는 그리스어로 식물을 의미하는 phyton=plant식물과 살균력을 의미하는 cide=killer살인자의 합성어로 식물이 자기 보호를 위해서 발사하는 물질을 말합니다. 흔히 아카시아 나무나 잣나무 주변에서는 다른 식물을 별로 볼 수 없는데 이는 아카시아 나무와 잣나무가 자기 주변을 정화하고 다른 세균을 죽이기 때문입니다.

피톤치드는 사람의 결핵균, 암세포도 죽인다고 알려져 있습니다. 그것이 바로 자연이 우리에게 주는 선물입니다. 산 속 공기 좋은 곳에 환자들이 몇 년 동안 요양하면서근래 들어선 〈나는 자연인이다〉프로를 들수 있습니다 건강을 되찾는 것을 우리는 종종 볼 수 있습니다. 피톤치드의 영향으로 자연치유가 된 예입니다. 물 하나만 해도 그렇습니다. 숲의 물이 흐를 때 낙엽이 필터작용을 하고 돌에 부딪히면서 더 맑고 깨끗한 기운을 받고 햇볕을 받는 것이 곧 정화작용입니다. 그런 물은 그냥 마셔도 되며 시중에서 파는 물보다 못할 것이 없습니다. 그만큼 피톤치드와 더불어 자연이 주는 깨끗함은 다양합니다. 그러므로 숲은 자연치유가 가능한 의사 없는 병원입니다.

로마 개선문 앞에 가면 커다란 아름드리 소나무가 쭉 늘어서 있는 것을 볼 수 있습니다. 로마에서는 그 소나무들이 옛날 병사들의 사기를 진작시켰다고 합니다. 이 또한 피톤치드의 예입니다. 피톤치드를 발산해서 병사들에게 좋은 기운을 불어넣어 주었다는 것입니다. 로마군이 강했던 이유가 바로 여기에 있었다는 설이 있습니다. 피톤치드 말고도 숲이 주는 선물은 많습니다. 숲 속에서 명상을 하며 푸른 숲을 보고 푸른 하늘을 보고 푸른 마음을 갖게 되는 것은 숲이 주는 선물일 것입니다. ✎

숲 속의 명상

로마 개선문 앞 우산 소나무

나를 위한 충고

제게도 젊었을 때가 있었습니다.

뭐든 할 수 있을 것 같았고 뭐든 될 수 있을 것 같았습니다.

후회를 하는 것은 아니지만

그때에 좀 더 절실하고 유익한 충고가 있었더라면

달려온 인생길 더 멋진 추억으로 남지 않았을까 하는 아쉬움도 듭니다.

충고는 듣기 싫은 것이지만

자신의 미래에 도움이 된다는 마음으로 듣는다면

그것만 한 보약도 없을 것입니다.

빌 게이츠가 젊은이들에게 주는
인생충고 10가지

1. 인생이란 원래 공평하지 못하다. 받아들여라.

2. 세상은 네 자신이 어떻게 생각하든 상관하지 않는다.

   무엇인가를 성취해서 보여줄 것을 기다린다.

3. 학교선생님이 까다롭다고 생각되거든

   직장상사의 진짜 까다로운 맛을 한번 보라.

4. 햄버거 가게에서 일하는 것을 수치스럽게 생각하지 마라.

5. 네 인생을 네가 망치고 있으면서 부모 탓을 하지 마라.

   잘못된 것을 빨리 고쳐라.

6. 학교는 승자와 패자를 뚜렷이 가리지 않을지 모른다.

   사회 현실은 이와 다르다는 것을 명심하라.

7. 인생은 학기처럼 구분되어 있지도 않고 방학이란 아예 없다.

8. 공부밖에 할 줄 모르는 바보한테 잘 보여라.

   사회 나오면 네가 "바보" 밑에서 일하게 될지 모른다.

9. 대학교육을 받지 않은 상태에서 연봉 4만 달러를 받을 생각을 마라.

10. 가장 가까이 있는 사람을 가장 소중히 여겨라.

    그 사람이 홍보요원이다.

06

생활에 활력을 주는 숲치유

숲을 이루는 나무는 이산화탄소를 받아 햇빛을 이용하여 잎에서 엽록소를 생성하고 산소를 방출하며 광합성 작용에 의해 생명을 유지합니다. 얼핏 보기엔 보잘것없이 보이지만 녹색식물의 광합성 작용이야말로 인류생명을 존속시키는 중요한 작용을 하고 있습니다.

건강하고 건전한 심신을 얻기 위해서는 숲치유법이 중요합니다. 숲치유법은 충분한 시간을 가지고 숲 속에 들어가 일상의 짐을 훌훌 털어버리고 산 넘고 물 건너면서 심신을 단련하는 것을 말합니다.

체류시간은 적어도 3~4시간 정도는 되어야 하고 그 시기는 사계절 어느 때나 가능하지만 피톤치드 물질이 많이 발산되는 봄과 여름 오전시간이 좋고 늦가을이나 겨울이면 햇빛을 볼 수 있는 화창한 날씨가 좋다고 알려져 있습니다. 복장은 공기가 잘 통하는 면직물 옷을 입고 챙이 있는 모자를 쓰고 양손에는 아무것도 들지 않은 것이 좋습니다. 운동량은 피로감을 조금 느낄 수 있을 정도가 효과적이며 걸을 때 심호흡을 하며 피톤치드를 많이 흡수해야 합니다.

여건이 가능하다면 발바닥에 온몸의 신경조직이 있으므로 맨발로 걸으며 산 밑이나 산꼭대기보다는 숲 가장자리에서 100m 이상 들어간 음이온이 충만한 계곡 주변이 최적의 에코워킹 산책코스입니다.

숲 속에서 나무와 풀의 꽃과 향기를 관찰하며 물소리, 새소리, 바람소리를 들으며, 즉 자연으로 돌아가서 자연의 소리를 들으며 사색과 명상을 통해 심신을 단련하는 것이 최고의 숲치유법입니다. 그래서 사람 人과 나무 木가 함께 있으면 쉴 휴 休가 되어 행복하게 되는 것입니다. 🍃

숲 속 에코워킹

수고하지 않고 얻는 기쁨이란 없습니다

오늘 하루는 어떠셨나요?

많이 힘드셨다고요?

왜 자신의 생각대로 되지 않는지 모르시겠다고요?

사람들 마음이 자신의 마음 같지 않다고요?

세상일이 너무 빠르게 돌아간다고요?

이렇게 생각해보시면 어떨까요?

이 모든 불편함이 어쩌면 나의 밝은 미래를 향한 원동력이라고

이 힘으로 희망을 꿈을 만들고 있다고

고통 없는 성공 없고 아픔 없는 꿈 없고

수고 없는 기쁨 없다고

이것이 다 나를 위한, 더 나은 하루를 만들 것이라고.

농부가 씨를 뿌리는 것은 열매를 거두기 위한 것입니다.

그러나 거두기 위한 것으로만 열매가 맺지는 않습니다.

길쌈과 각종 수고가 있을 때 기쁨의 열매를 맺게 됩니다.

평화를 가져오는 평안의 가치는 전쟁의 비참함을 통해 배울 수 있습니다.

우리가 삶의 가치를 소중히 여기는 것은 죽음이 우리 곁에 실재하기 때문입니다.

기나긴 장마는 햇볕의 소중함을 기억하고

가뭄의 목마름은 단비의 소중함을 잊지 않습니다.

현재의 고난이 우리를 변화시키고 세상을 새롭게 보게 합니다.

우리 자신의 의미와 상관없이 다가오는 불청객들에 대해 불평하지 마십시오.

달콤한 삶을 원하는 사람은 자신의 성장과 성실한 일상을 추구합니다.

그것이 고단하게 하고 고통스럽게 해도 목표가 뚜렷하기 때문에

고난에 대해서 감사할 줄 압니다.

기쁨의 열매를 거두기 위한 우리 자신의 수고는 반드시 결과를 얻게 될 것입니다.

이 사실을 잊지 않는다면 오늘 발걸음이 가벼울 것입니다.

좋은 글 중에서

07

습지는 생명의 보고(寶庫)이다

습지는 육지 환경과 물 환경의 전이 지대로서 생물의 생장기를 포함한 연중 또는 상당 기간 동안 물이 지표면을 덮고 있거나 지표 가까이 또는 근처에 지하수가 분포하는 토지를 의미합니다.

습지를 옛날에는 버림받은 땅이라고 말하고들 하였습니다. 우리는 보통 이렇게 말합니다. "저 습지로 뭘 하겠어?" "아, 저 습지. 저거 아무 필요 없는 거." 그래서인지 보존은커녕 어차피 쓰지 못할 땅이라고 습지를 매립하여 마구 개발하곤 하였습니다. 개발대상지 1호였습니다. 대표적인 예로 갯벌이 많았던 서해안 간척사업을 들 수 있을 것입니다. 하지만 이제는 습지를 바로 알아야 할 때입니다. 습지에서는 수많은 생명이 함께 어울려 살아갑니다. 즉 습지는 생명의 원천인 것입니다. 우리는 이제껏 그 가치를 등한시해 왔던 것입니다. 그나마 다행인 것은 우리의 무지로 훼손된 습지가 생명의 보고寶庫라는 인식이 최근 널리 알려져 습지를 보존하는 여건이 조성되고 있다는 사실입니다. 습지보존협회를 비롯한 람사르 협약 등 다양한 국제기구가 세계 2,000여 개 습지 보존지를 지정하여 습지 보존을 위해 많은 활동을 하고 있습니다. 🖋

희망과 마음

꽃들이 얼굴을 내미는 봄입니다.

듬뿍 햇살을 받아보는 봄입니다.

누군가의 마음에 그토록 파문을 새겨놓았을까요.

겨울은 길었지만 흔들리는 꽃을 보면 마음이 차분해집니다.

당신에게 희망을 줄 수 있을 때 온 마음을 줄 수 있을 때

저도 흔들리는 봄의 꽃처럼 당신의 마음속에 자리 잡을 것입니다.

희망이란…

희망이란

본래 있다고도 할 수 없고

없다고도 할 수 없다.

그것은 마치 땅 위의 길과 같은 것이다.

본래 땅 위에는 길이 없었다.

걸어가는 사람이 많아지면

그것이 곧 길이 되는 것이다.

노신의 〈고향〉 중에서

기도

기도하는 삶을 사는 것은 매우 숭고한 삶입니다.

그것은 자신을 낮추고 자신의 미약함을 부끄러움 없이 드러내는 일이기 때문입니다.

절대자가 혹은 신이 누구인지는 그다지 중요하지 않습니다.

자신의 마음을 드러내놓고 이 시간을 이겨내기 위하여

이 시련 속에서 헤어나기 위하여 자신을 내려놓고 본래의 마음으로 돌아가는 삶.

기도 자체는 그리 어려울 것이 없겠으나 이러한 마음가짐으로

하루를 대하는 삶이라면 본받을 삶에 다름 아닙니다.

행복엔 감사의 기도를 시련엔 용기의 기도를

오늘 올려보는 것이 어떨까요? 오늘이 더욱 반짝일 것입니다.

저는 오늘도 하루를 마무리하며 제 인생에 대한 기도를 올려봅니다.

매일 아침 기대와 설렘을 안고 하루를 시작하게 하여 주옵소서.

　항상 미소로 사람들을 맞이하게 하시고 나로 인하여 남들이 얼굴을 찡그리지 않게 하여 주옵소서.

　상사와 선배를 존경하고 아울러 동료와 후배를 사랑할 수 있게 하시고 아부와 질시를 교만과 비굴함을 멀리하게 하여 주옵소서.

　하루에 한 번쯤은 조용히 하늘을 쳐다보고 넓은 바다를 상상할 수 있는 마음의 여유를 주시고 일주일에 몇 시간은 책 한 권과 친구와 가족과 더불어 보낼 수 있는 오붓한 시간을 갖게 하여 주옵소서.

　한 가지 이상의 취미를 갖게 하시어 한 달의 하루쯤은 지나온 나날들을 반성하고 미래와 인생을 설계할 수 있는 시인인 동시에 심신이 여유로 넘치는 철학자가 되게 하여 주옵소서.

　작은 일에도 감동할 수 있는 순수함과 큰일을 앞두고도 두려워하지 않는 대범함을 지니게 하시고 적극적이고 치밀하면서도 다정다감한 사람이 되게 하여 주옵소서.

자기의 실수를 솔직히 시인할 수 있는 용기와 남의 허물을 따뜻이 감싸줄 수 있는 너그러운 마음과 고난을 끈기 있게 참을 수 있는 인내심을 더욱 길러 주옵소서.

　저희들 직장인에게 홍역의 날들을 무사히 넘기게 해주시고 남보다 한 발 앞서감이 영원한 앞서감이 아님을 인식하게 하시고 또한, 한 걸음 뒤처짐이 영원한 뒤처짐이 아니라 분발의 계기임을 알게 하옵소서.

　자기반성을 위한 노력을 게을리하지 않게 하시고 늘 창의력과 상상력이 풍부한 사람이 되게 하시고 매사에 충실하여 무사안일에 빠지지 않게 해주시고 매일 보람과 즐거움으로 충만한 하루를 마감할 수 있게 하여 주옵소서.

　그리하여 직장생활을 모두 마치고 떠나는 그날…. 또한, 생애를 마감하는 날에 과거는 전부 아름다웠던 것처럼 내가 거기서 만나고 헤어지고 혹은 다투고, 이야기 나눈 모든 사람들이 살며시 미소 짓게 하여 주옵소서.

『마음을 열어주는 따뜻한 편지』 중 따라지 인생에서

08

그린 인프라와 생태계 서비스

공원녹지는 도시의 공해와 오염된 환경 속에서 도시의 환경성과 생태성을 구현할 수 있는 공간입니다.

지금까지의 우리나라의 공원녹지정책은 물리적 녹지공간 확대에 중점을 두고 추진되어 왔습니다. 이제는 공공복지를 고려한 생태계 서비스로서의 공원녹지정책이 필요하다고 생각합니다.

공원녹지가 그린인프라 및 생태계서비스를 구현할 수 있는 공간으로서 거듭날 수 있는 가능성은 무궁무진합니다. 그린인프라는 도시의 공원녹지 기반시설 전반으로 산책로 조성, 생물종 다양성을 위한 각종 공원 녹지 확충 사업이 이에 해당되며 인프라를 중심으로 여가 선용 프로그램, 레크리에이션, 스토리텔링 등 생태문화 서비스가 이루어지는 곳입니다.

그러므로 공원녹지는 그린인프라 및 생태계서비스를 구현하는 실체로서 물리적 기반시설로 진화를 보여주고 있습니다. 또한 생태적 기능이 결합된 문화, 환경적 가치를 지닌 생산기반시설로까지 개념

이 확장될 수 있습니다. 삶을 이야기하는 공간으로서의 공원은 우리
들의 쉼터이자 자산입니다.

기분 좋은 충고

충고는 늘 따갑기 마련입니다.

하지만 좋은 약이 입에 쓰듯

충고는 우리를 나태와 권태에서 구해주며

참된 인생길을 개척하여주는 힘이 있음을

부정할 순 없습니다.

들을 땐 따끔거리지만

귀를 열고 입을 닫고 마음에 새긴다면

충고는 그 어떠한 약보다도

자신의 영혼과 정신을 건강하게 해줄 것임을 믿습니다.

삶의 질을 높이기 위한 10가지 충고

1. 지금 내가 무엇에 가치를 두고 있나 생각해보라.

2. 나도 늙고 죽는다는 것을 늘 인식하라.

3. 지금 할 수 있는 일은 지금 시작하라.

4. 반대의 모험을 각오하라.

5. 자신의 인생에 대한 구체적인 청사진을 간직하라.

6. 계획을 세분화하여 달성 시까지 정하라.

7. 미루지 말고 지금 행동하라.

8. 자신의 결정한 일은 책임져라.

9. 늘 성취할 수 있다고 자신을 믿으라.

10. 그리고 기도하라.

자기 발전을 위한 10가지 충고

1. 오늘의 자기에 만족하지 말라.

2. 자신이 원하는 일을 확실하게 알라.

3. 일을 위한 계획을 구체적으로 세우라.

4. 일을 못하는 핑계나 변명을 늘어놓지 말라.

5. 게으른 자신과 타협하지 말라.

6. 한두 번의 실패로 포기하지 말라.

7. 전문지식을 습득하라.

8. 자기의 실수나 잘못을 남에게 돌리지 말라.

9. 노력 없이 지름길을 찾지 말라.

10. 목표를 이루려는 욕망을 가지라.

09

우리들의 생태 발자국이 너무 크다

생태 발자국Ecological Footprint이란 1996년 캐나다 경제학자인 마티스 웨케이걸이 개발한 개념으로, 인간이 지구에서 삶을 영위하는 데 필요한 의식주 등을 제공하기 위한 자원의 생산과 폐기에 드는 비용을 토지로 환산한 수치를 말합니다.

현재 우리나라는 먹을거리와 주거 · 에너지 등 우리가 영위하는 다양한 방면에서 생태발자국이 기하급수적으로 늘어나고 있는 상태입니다. 이는 지구의 입장에서 보면 몸살을 앓는 상황이라 할 수 있습니다.

지구가 감당할 수 있는 생태용량은 1인당 1.78헥타르인데 우리나라 1인당 생태발자국 지수는 4.41헥타르로, 이는 세계 생태발자국 평균지수 2.6헥타르보다 1.7배가량 높다고 합니다. 변화 추이를 살펴보면 최근 20년 사이에 먹을거리에선 두 배, 주거 · 에너지와 관련해서는 5배나 되었다고 합니다. 이대로 가다간 지구가 2개 필요할지도 모릅니다. 생활의 편리함도 중요하지만 우리 스스로 이 터전을 지키는 것이 더 중요합니다. ✎

생태 발자국을 줄이기 위한
우리들의 실천과제

1. 실내 온도를 적정하게 유지합니다.

[1도의 비밀] 난방을 1도 낮추면 가구당 연간 231kg의 CO2가 줄어듭니다.

2. 승용차 사용을 줄이고 대중교통을 이용합시다.

[B.M.W 건강법] 버스(B), 지하철(M), 걷기(W)로 내 몸과 지구에 건강을 선물합니다.

3. 친환경 제품을 구입합시다.

[착한 선택] 녹색소비는 자원을 절약하고 온실가스도 줄입니다.

4. 물을 아껴씁시다.

[Speedy 샤워] 샤워시간을 1분 줄이면 CO2도 7kg 줄어듭니다.

5. 쓰레기를 줄이고 재활용합시다.

[I LOVE 머그컵] 일회용컵 대신 개인컵을 사용하는 모습이 아름답습니다.

6. 올바른 운전습관을 유지합시다.

[Eco-드라이빙] 급출발·급가속할 때마다 40원씩 낭비됩니다.

7. 전기제품을 올바르게 사용하여 에너지를 절약합시다.

[플러그 OFF] 플러그를 뽑으면 한 달 전기료는 공짜입니다.

8. 나무를 심고 가꿉시다.

[초록사랑] 소나무 1그루는 연간 5kg의 CO_2를 흡수합니다.

9. 친환경 먹을거리 선택으로 토양오염을 줄이고 에너지도 절약합시다.

비료를 적게 쓰거나 아예 쓰지 않는 유기농산물을 이용하고 가까운 곳에서 생산된 먹거리를 선택합니다.

날마다 더
나아지고 있는 사람

인생이 늘 이분법적인 것은 아니지만

많은 경우 두 갈래 방향으로 쉽게 나뉩니다.

하루하루 더 나아지는 쪽이냐, 나빠지는 쪽이냐.

최선을 다하느냐, 아니냐.

비전이 있느냐, 없느냐.

처음은 아주 미세한 차이지만 한 걸음 한 걸음 가다 보면

나중엔 돌이킬 수 없는 엄청난 차이를 보입니다.

하루하루 날마다 더 나아지고 있는 방향

지금 그 방향으로 걷고 계시겠지요?

대답은 자기 안에 있습니다.

주변에 "정말 훌륭한 직원이야!", "정말 대단한 팀장이야!" 이런 감탄을 자아내는 사람이 있는가?

그중 십중팔구는 "날마다 더 나아지고 있는 사람이다."

그럼 어떻게 해야 날마다 더 나은 사람이 될 수 있을까?

1. 나는 잘될 것이다.

2. 나는 긍정적인 사람이다.

3. 나는 좋은 습관을 가진 사람이다.

4. 나는 사랑할 줄 아는 사람이다.

5. 나는 최선을 다하는 사람이다.

6. 나는 비전이 있는 사람이다.

7. 나는 믿음으로 산다.

조엘 오스틴의 『잘되는 나』 중에서

마음의
오아시스

여러분들의 오아시스는 무엇입니까?

여행, 쇼핑, 휴식, 새로운 만남….

모두가 소중한 오아시스이며 무엇이 더 낫다 매길 수 없는

각자의 마음 속 힐링입니다.

저에게 마음의 오아시스는 '벗'입니다.

가끔 마음이 황폐하다고 생각될 때 황폐한 땅에서

살고 있는 것은 아닌가 하는 의문이 들 때

가장 생각나는 것이 소중한 벗이기 때문입니다.

벗은 늘 저를 따뜻하게 하며 평온하게 합니다.

가족과는 다른 온기로 동료와는 다른 정으로

본연의 저를 찾아주는 힘이 벗에겐 있습니다.

여러분들도 벗이라는 마음의 오아시스를

한번 살펴보는 계기를 갖는 것은 어떠신지요?

아마도 싱그러운 샘이 넘쳐 마음에 기쁨에 가득할 것입니다.

우리에게 정말 소중한 건

살아가는 데 필요한 많은 사람들보다는

단 한 사람이라도 마음을 나누며 함께 갈 수 있는

마음의 길동무입니다.

어려우면 어려운 대로, 기쁘면 기쁜 대로

내 마음을 꺼내어 진실을 이야기하고

내 마음을 꺼내어 나눌 수 있는 벗….

그런 마음을 나눌 수 있는 벗이 간절히 그리워지는 날들입니다.

사막의 오아시스처럼 소중한 사람을 위하여

우리는 오늘도 삶의 길을 걷고 있는지도 모릅니다.

현대라는 인간의 사막에서 마음의 문을 열고

오아시스처럼 아름다운 이웃을, 친구를, 연인을 만났으면 좋겠습니다.

아니~ 그보다는 내가 먼저 누군가에게 오아시스처럼

참 좋은 친구…, 참 좋은 이웃, 참 아름다운 연인이 되는…

시원하고 맑은 청량감 넘치는 삶을 살았으면 좋겠습니다.

좋은 글 중에서

10

문명 앞에 숲이 있었고
문명 뒤에 사막이 남는다

문명의 흥망성쇠

−"문명 앞에 숲이 있었고 문명 뒤에 사막이 남는다."
(샤토브리앙−프랑스 낭만주의 사상가)

인간은 자연이라는 거대한 생명체의 일원으로서 우주적인 질서 속에서 하나의 생명으로 살아갑니다. 인간과 자연은 상호 연기론적 관계에 있기 때문에 자연과 분리된 인간이란 상상할 수도 없고 존재할 수도 없습니다. 따라서 인간은 자연과 공존하며 살아가야 합니다.

우리의 조상은 원래 자연의 순리에 따른 삶을 살아왔습니다. 그러다가 인류의 문명이 발전해감에 따라 자연을 멀리하고 편리한 도시 생활에 길들여지게 된 것입니다. 인간이 자연을 멀리하면서 인간의 불행은 시작되었고 질병이라는 대가를 치르고 있다고 우려하고 있습니다. 이제라도 도시의 공해와 오염된 환경에서 각종 스트레스를 받으며 행복을 잃어가는 잘못을 거두어야 합니다. 그리고 생명에너지가 약동하는 자연에서 숲 속 생명체들이 조화롭게 살아가는 모습을 보고 느끼며 자연을 닮은 편안함과 진진한 행복을 되살려야 합니다. 우리 모두는 나만을 위한 이기적인 삶에서 벗어나 자연과 함께 어울려 사랑하고 배려하며 긍정적으로 살아가야 합니다.

인생의 네 계단 중에서

인생에 여러 가지 측면이 있듯이 계단으로 비유하자면

여러 가지 인생의 계단이 있을 것입니다.

하지만 인생에서 가장 중요한 몫, 사람.

사람을 비유로 들자면 인생에는 네 개의 계단이 있다고 합니다.

관심, 이해, 존중, 헌신이 그것입니다.

들어만 보아도 우리가 갖추어야 함에도 잘 갖추지 못하고 있는

인생 참된 덕목이라 할 수 있습니다.

그들의 공통점은 '타인을 생각한다.'에 그 요소가 집중되어 있기 때문

입니다.

그렇습니다. 사람은 혼자 살 수 없는 존재입니다.

사람은 더불어 살아야 하는 존재이며 그것이 빛을 발하기 위해서는

나를 사랑하는 나만큼 타인을 사랑하는 자신이 되어야 하는 것을

우리는 쉽게 깨달을 수 있습니다.

이외수 작가님이 비유하는 인생의 네 계단을 읽고

우리 모두 동행할 수 있는 사회로 거듭났으면 하는 바람을 가져봅니다.

1. 관심의 계단

만약 그대가 어떤 사람을 사랑하고 싶다면, 그 사람의 어깨 위에 소리 없이 내려앉는 한 점 먼지에게까지도 지대한 관심을 부여하라.

그 사람이 소유하고 있는 가장 하찮은 요소까지도 지대한 관심의 대상으로 바라볼 수 있을 때, 비로소 사랑의 계단으로 오르는 문이 열리기 때문이다.

이해의 나무에는 사랑의 열매가 열리고, 오해의 잡초에는 증오의 가시가 돋는다.

2. 이해의 계단

그대가 사랑하는 사람이 가지고 있는 어떤 결함도 내면적 안목에 의존해서 바라보면 아름답게 해석될 수 있는 법이다. 걸레의 경우를 생각해 보라.

외형적 안목에 의존해서 바라보면 비천하기 그지없지만, 내면적 안목에 의존해서 바라보면 숭고하기 그지없다. 걸레는 다른 사물에 묻어 있는 더러움을 닦아내기 위해 자신의 살을 헐어야 한다. 이해란 그대 자신이 걸레가 되기를 선택하는 것이다.

3. 존중의 계단

그대가 사랑하는 사람을 존중하지 않으면 그대가 간직하고 있는 사랑이 이어지지 않고, 그대가 간직하고 있는 사랑이 깊어지지 않으면 그대가 소망하고 있는 행복은 영속되지 않는다.

4. 헌신의 계단

신이 인간을 빈손으로 이 세상에 내려 보낸 이유는, 누구나 사랑 하나만으로도 이 세상을 충분히 살아갈 수 있음을 알게 하기 위함이다.

신이 인간을 빈손으로 저 세상에 데려가는 이유는, 한평생 얻어낸 그 많은 것들 중 천국으로 가지고 갈 만한 것도 오직 사랑밖에 없음을 알게 하기 위함이다.

신이 세상 만물을 창조하실 때 제일 먼저 빛을 만드신 이유는 그대로 하여금 세상 만물이 서로 헌신하는 모습을 보게 하여 마침내 가슴에 아름다운 사랑이 넘치도록 만들기 위함이다.

-이외수

숲은 우리의
생명이다

01

숲은 생명의 터전이다

숲은 수풀이 줄어든 순수한 우리말이고 산림은 수목이 무성하게 꽉 들어찬 곳으로 초본, 목본, 덩굴 등이 한데 엉킨 곳으로 산에 있는 수풀을 말합니다. 이들을 통칭하여 산림생태계라고 합니다. 산림 생태계의 특징은 큰 규모의 생태계라는 점입니다. 하지만 요즘 들어 산림이란 말이 점점 멀어지는 시대인 것 같습니다. 부적절한 산림관리와 무절제한 이용, 인위적인 산불로 인하여 산림생태계가 파괴되고 있습니다. 세계적으로 볼 때도 열대우림면적 감소가 이어지고 있다고 합니다.

이에 자연을 향한 몸부림도 다행히 존재하고 있습니다. 1992년 리우협약에서는 사막화, 지구온난화, 산성우, 기후변화 원인으로 훼손된 산림생태계의 보전 및 지속 가능한 이용을 강조합니다. 1998년 UN에서 2002년을 세계 산의 해로 제정함으로써 산의 지속가능한 개발 및 보전, 중요성을 인식 증진시키고 적절한 국가정책의 수립과 이행을 촉진하게 되었습니다. 우리나라 면적의 64%66,000㎢가 산림입니다. 산림 혜택이 목재생산, 대기 정화, 수자원 함양, 토사유출 방지, 휴양 보건 기능, 생물다양성 보전, 전통문화 유지, 미기후 조절… 등 우리에게 주는 혜택은 너무 많습니다.

　산림생태의 보존을 위해서는 숲 속의 모든 것 즉, 동식물, 숲, 흙, 나무, 물 등이 다 고려되어야 합니다. 생태계 안에서 바라보면 개미든 지렁이든 미생물이든 다 소중한 것입니다. 나무가 썩으면 그들의 집이 되고 생물서식처가 됩니다. 거기서 생산된 것들을 소동물들이 먹고 다시 그것을 큰 동물들이 먹고 그렇게 먹이사슬을 유지하게 됩니다. 이 모든 과정이 하나의 숲에서 이루어집니다. 가장 원시적이면서도 근본적인 뿌리가 바로 생태인 것입니다. 하나의 생태계란 그런 것입니다. 우리 인간도 생태계의 일부분입니다.

들꽃이 장미보다
아름답다

여기 역발상에 근거한 말이 있습니다.

'들꽃이 장미보다 아름답다.'

하지만 단순히 역발상의 묘미만 한정하기는 아쉬운 말입니다.

왜냐하면 품은 뜻이 깊기 때문입니다.

그것은 보잘것없더라도 나름대로의 아름다움을 찾을 수 있다는 것이며

자신의 아름다움을 좇다 보면은 통상의 아름다움을 능가할 수 있다는

것입니다.

여러분은 들꽃입니까 장미입니까?

어떤 아름다움이 자신의 이름입니까?

아름다운 장미는 사람들이 꺾어 가서

꽃병에 꽂아두고 혼자서 바라보다

시들면 쓰레기통에 버려지는데

아름답지 않은 들꽃이 많이 모여서

장관을 이루면 사람들은 감탄을 하면서도

꺾어가지 않고 다 함께 바라보면서

다 함께 관광 명소로 즐깁니다.

우리들 인생사도 마찬가지입니다.
자기만이 잘났다고 뽐내거나
내가 가진 것 좀 있다고
없는 사람들을 업신여기거나
좀 배웠다고 너무 잘난 척하거나
권력 있고 힘 있다고 마구 날뛰는 사람들은
언젠가는 장미꽃처럼 꺾어지고
이용가치가 없으면 배신당하고 버려지지만

내가 남들보다 조금 부족한 듯
내가 남들보다 조금 못난 듯
내가 남들보다 조금 손해 본 듯
내가 남들보다 조금 바보인 듯
내가 남들보다 조금 약한 듯하면

나를 사랑해주고 찾아주고
좋은 친구들이 많이 생기면
이보다 더 행복한 삶이 어디 있겠습니까?

가을이 봄보다
아름답습니다

가을에는
기도하게 하소서.
낙엽들이 지는 때를 기다려 내게 주신
겸허한 모국어로 나를 채우소서.

가을에는
사랑하게 하소서.
오직 한 사람을 택하게 하소서.
가장 아름다운 열매를 위하여 이 비옥(肥沃)한
시간을 가꾸게 하소서.

가을에는
호올로 있게 하소서.
나의 영혼,
굽이치는 바다와
백합(百合)의 골짜기를 지나,
마른 나뭇가지 위에 다다른 까마귀같이

김현승 〈가을의 기도〉

화려하지는 않지만 투명한 가을 분위기는

정을 느끼게 하며 친근감을 주고,

청명한 가을하늘을 향해 해맑게 핀 코스모스를 보면

정녕 가을은 봄보다 아름답습니다.

가을이 아름다운 것은,

가을이라는 계절 속에 다른 때보다

더 많이 생각이 스며들기 때문입니다.

꽃이 할 일은 그곳이 어느 곳이든 뿌리를 내려

아름답게 꽃을 피우는 것이고,

우리가 할 일은 어느 곳이든 발이 닿는 그곳에서 열심히 일하여

자기 이름의 아름다운 열매를 맺는 것입니다.

이름 모를 풀꽃도 우리를 일깨우는 것을 보면, 천하보다 귀한 우리들은

더 많은 일을 할 수 있을 것입니다.

자연은 불평하지 않습니다. 자연은 인내합니다.

자연은 기만하지 않습니다.

자연은 진실합니다. 자연은 목적 없이는 아무 일도 하지 않습니다.

가을은 온 산천의 수많은 단풍들로 우리를 일깨우고 있습니다.
우리가 겸손한 자세로 단풍 한 잎을 보면서
삶의 소박한 진리를 알아낸다면
참 좋겠습니다.

우리들은 확실히 가을에 많은 것을 생각합니다.
자신의 미래도 좀 더 멀리 내다보게 되고,
오늘의 내 모습도 세심히 살펴보게 되며,
다른 이의 삶에 대한 관심도 더해집니다.
맑은 하늘을 보고 진실을 생각하면서
더 투명해지고 싶어지는 때도 가을입니다.
가을이 되어 이렇게 생각이 깊어지면 우리는 그 생각의 틈새에서 사랑
이 자라는 느낌을 갖게 됩니다. 가을이 아름다운 이유는 여기에 있습니다.

풀벌레 소리를 들으며 외로움을 느낄 때 우리는 사랑을 생각합니다.
바람에 흔들리는 갈대를 보고 인간의 연약함을 알게 될 때 우리는 사
랑의 무한함에 감사하게 됩니다. 맑고 투명한 하늘을 올려다볼 때 우리
는 진실의 문을 열고 사랑이라는 귀한 손님을 맞게 됩니다.

가을은 우리를 외롭게 합니다. 왠지 쓸쓸하고 수많은 그리움이 고개를 들며 생명의 유한함에 더욱 작아지는 느낌이 듭니다. 이렇게 연약한 우리의 모습을 일으켜 세우는 방법은 단 한 가지, 우리가 서로를 사랑하는 것입니다.

02

아차산 생태공원과 자연생태교육

    생태공원이란 생물이나 자연과 쉽게 접할 수 있도록 조성한 공원으로 자연생태계를 보호. 유지하면서 자연학습 및 관찰, 여가를 즐길 수 있도록 하여 도시 인근에서도 자연을 쉽게 접할 수 있도록 조성한 공원을 말합니다.

    서울시 광진구 공원팀장으로서 아차산 생태공원을 조성할 당시가 생각납니다. 아차산 생태공원은 2000년도에 만든 자치구 최초의 생태공원이며 개인적으로는 제가 만든 작품이라는 자부심이 있는 곳입니다. 그곳은 원래 공동묘지였습니다. 묘지 이장이 선행되어야 하므로 그곳의 영정들이 다른 곳에서라도 편히 쉴 수 있도록 애를 썼던 기억이 납니다. 그리고 생태연못을 조성하고 야생화 단지를 만들었습니다. 또 황토를 맨발로 밟을 수 있도록 향토길을 조성하고 생태체험관도 만들었습니다.

    서울 자치구 단위에서 조성된 최초의 생태공원.

    아차산 생태공원.

    저의 추억이 깃들고 주민들이 즐겨 찾은 공원이 되어 저에게는 더욱 의미 있는 곳입니다.

학교에서 아이들을 가르치고 생태관련 프로그램을 진행하면서 알게 된 것은 대부분의 사람들이 자연 생태에 관해 별 관심이 없다는 사실입니다. 자신의 집 거실에 있는 화분의 이름도 잘 알지 못하는 게 현실입니다. 저는 이런 현실을 보면서 생태맹을 없애는 자연생태교육이 필요하다는 것을 느꼈습니다. 마침 2015년 인성교육진흥법이 제정되어 자유학기제로 1년에 7일 동안 현장학습, 체험학습의 기회가 주어짐에 따라 전인교육체험학습이 확대된다고 하니 기대해도 될 것 같습니다. ✎

산다는 것은
참 좋은 일입니다

저는 오늘도 자기 암시를 겁니다.

산다는 것은 참 좋은 일이라고.

아무리 세상만사 불협화음, 불화로 치닫는다 해도

고통 속에서 언젠가 밝을 행복을 나는 꿈꾼다고.

산다는 것은 참 좋은 일이라고.

하루를 더 살 수 있는 건 돈으로도 매길 수 없는 가치인데

누군가는 그런 하루를 헛되이 보낸다고.

나는 자신에게 부끄럽지 않은 삶을 살고 싶다고.

산다는 것은 참 좋은 일이라고.

봄을 만끽할 수 있고 아름다운 아내를 볼 수 있고

싱그러운 아이들과 눈빛을 교환할 수 있고

하고 싶은 꿈에 들떠 밤을 설치는 설렘으로 가득하지만

이것들이 다 당연한 일처럼 여겨져 눈이 먼 거라고.

산다는 것은 참 좋은 일이라고.

어제가 있고, 오늘이 있고, 내일이 있다는 것은
참 좋은 일입니다.

어제는 지나갔기 때문에 좋고,
내일은 올 것이기 때문에 좋고,
오늘은 무엇이든 할 수 있기 때문에 좋습니다.

나는 어제를 아쉬워하거나 내일을 염려하기보다는
주어진 오늘을 사랑하고 기뻐합니다.
오늘 안에 있는 좋은 것을 찾고 받아들이고 내일을 준비하는 것이
얼마나 즐거운지 모릅니다.

하루하루 새로운 아침이 주어지는 것은
새 기회의 기쁨을 날마다 누리라는 뜻입니다.
오늘 안에 있는 좋은 것이 어떤 것인지는
누구보다 자기 자신이 잘 알고 있습니다.
어떻게 하면 하루가 좋아지는지도 다 알고 있습니다.
어제는 오늘을 소중히 여기고 기뻐하리라는 마음입니다.

『좋은 생각』 중에서

생각하며
사는 삶

여러분은 실천하는 삶을 살고 계신가요? 저는 저 자신에게 묻곤 합니다. '너는 어떤 삶을 살고 있는가?' 하지만 답은 쉽사리 나오지 않고 의구심이 가득 차게 될 때 실천하는 삶을 살기 위해선 우선 생각하며 사는 삶을 살자고 저는 되뇌어보는 것입니다. 생각에도 여러 종류가 있겠지만 제가 중요시하는 건 실천 가능한 생각과 삶에 긍정적 에너지 작용을 할 수 있는 생각입니다. 그중에 빠질 수 없는 것이 나 자신과 주변의 삶을 살찌우는 생각입니다. 생각은 곧 그 사람의 마음이라고 했습니다. 생각을 게을리하는 순간 실천은커녕 소소한 행복도 멀리 달아날 것입니다. 생각하는 삶을 살기 위하여 자신의 마음과 주변의 사람들을 되돌아볼 때입니다.

** 천재는 노력하는 사람을 이길 수 없고
노력하는 사람은 즐기는 사람을 이길 수 없는 없는 법이다.
어떤 일이든 피할 수 없으면 즐겨라!

** 최고의 생각은 지혜를 준다.
식구의 먹을 것을 책임지면 그 사람이 가족의 영웅이요,

직원들의 밥벌이를 책임지면 그 사람이 회사의 영웅이요,

나라경제를 살찌우면 그 사람이 기업의 영웅이요,

국민의 생존을 지키면 그 사람이 바로 국가의 영웅이다.

** 행복의 기준은 세 가지다.

첫 번째는 자신이 좋아하는 일을 하는 것,

두 번째는 누군가를 사랑하는 것이며,

세 번째는 어떤 일에 희망을 갖는 것이다.

** 누가 당신에게 도움을 주거든 기꺼이 받아라.

누가 당신에게 선물을 주거든 고맙게 받아라.

상대방의 호의를 거절하지 말라.

주위에는 줄 생각을 안 하고 받기만 좋아하는 사람들이 있다.

그런데 주기만 할 뿐 받을 줄 모르는 사람도 의외로 많다.

명심하라.

받는 것을 자꾸 거절하면 복이 달아난다.

받는 것도 연습해야 한다.

기꺼이 받고 받은 만큼 아니 그 이상으로 되돌려주자.

03

북한산 개운산 생태 체험관

우리나라 공무원 조직에 있어서 기초지방자치단체 구區 단위 '과장'은 소신껏 자기가 사업을 구상하여 실현할 수 있는 자리라고 생각합니다. 저는 사범대학 사회교육과 출신이면서 공원녹지과장을 하면서 인문과 자연을 접목시키는 방법은 없을까 또 교육과 임업의 접목은 무엇일까 생각해보았습니다. 그때부터 성북구에 본격적으로 생태교육을 해야겠다고 마음을 먹게 되었습니다.

북한산과 개운산 생태체험관를 계획했을 때가 떠오릅니다. 생태체험관을 조성하여 자라나는 어린이들에겐 꽃마음을 심어주고 주민들에게 자연을 사랑하는 정서 교육을 실시하는 것이 공직생활의 보람이 아닌가 생각했습니다. 그리고 공원녹지업무 총괄과장으로서 저의 작은 움직임이 공원녹지행정의 본보기가 되었으면 하는 바람이 있었습니다. 나비효과와 같이 처음은 미미할지라도 결국은 아름다운 대한민국 정서교육의 장이 펼쳐질 것이라고 생각했습니다.

현재는 전국 기초지방자치단체 중 생태체험관 2개소를 운영하는 곳은 성북구밖에 없습니다. 그것은 리더가 소신을 가지고 적극적으

로 추진한 결과이며 그것이 우리가 앞으로 해야 할 복지행정이라고
생각합니다.

요즘 학문은 융복합 시대로 주변 학문을 넘나드는 등식이 필요한
시대입니다. 그래서 한 우물만 파면 매몰된다고 합니다.

제가 앞서 밝혔듯 사범대에서 교육학을 수학한 것이 교육과 인문,
자연의 융합을 꾀할 수 있는 힘이었던 것 같습니다. 자연과 산림, 녹지
가 교육과 만나 생태공원과 생태프로그램으로 거듭났습니다. 자연과
스토리가 만나 자연을 말하는 스토리텔링이 되었습니다. 저는 이 아름
다운 조화를 자연생태강의를 통해 이어나가는 중입니다.

성북생태체험관 전경

아이들은 자연에서 모든 것을 배운다

마음 채우기

자신이 가지고 있는 것에 만족하지 못하고

늘 무엇인가 더 가지려고 안간힘을 쓰는 자세가

우리를 더 불행하게 하고 있는 것입니다.

지금 자신이 가지고 있는 점에 대해

곰곰이 돌아보십시오.

분명 우리는 행복할 수 있는 그 무엇인가를

충분히 가지고 있습니다.

그것에 감사하며 살아가는 것이야말로

행복한 삶을 사는 자세입니다.

〈행복을 느끼는 자세〉 중에서

마음껏 꿈꿔라

꿈도 자라납니다.

살아있는 생물처럼 성장하고 진화합니다.

꿈은 꿀수록 더욱 섬세해지고 분명해집니다.

그리고 어느 날 현실이 되어 있음을 발견하게 됩니다.

청년 시기는 그야말로 마음껏 꿈꿀 수 있는 시간입니다.

젊음의 계절은 때가 차면 끝나는 시한이 있지만

젊음의 꿈에는 끝도 한계도 없습니다.

"아들아!

죽는 날까지 꿈꾸기를 포기하지 마라.

매일 꿈을 꾸어라.

꿈꾸지 않는 사람은 아무것도 얻을 수 없으며,

오직 꿈꾸는 자만이 비상할 수 있다.

꿈에는 한계가 없다.

마음껏 꿈꿔라.

꿈을 꾼다는 것은 살아 있다는 증거이고

사람이 살아 있는 동안에

반드시 해야 할 의무이자 권리이다."

송길원의 『나를 딛고 세상을 향해 뛰어올라라』 중에서

04

얘들아 숲에서 놀자

1

숲유치원이란 자연을 벗 삼은 놀이터이자 생생한 교육의 현장입니다. 아이들은 나무와 꽃, 평소 보지 못했던 곤충들과 가까이하면서 놀고 자연친화적인 창의력을 기를 수 있습니다. 또한 자연이 전해주는 지혜와 함께 도시의 답답함에서 벗어나 건강을 선물 받습니다. 2008년, 제가 성북구 공원녹지과장으로 재직 시 서울시 최초로 북한산 숲유치원을 개장할 때를 잊지 못합니다. 숲유치원에 대한 참여 열기가 대단해 제비뽑기를 하였던 웃지 못할 해프닝도 있었습니다. 수요가 공급을 감당 못 했던 셈이죠. 그래서 성북구에서는 개운산에 제2 숲유치원을 조성하여 개장하게 되었습니다.

숲유치원과 숲체험프로그램은 숲이 아이들의 놀이터라는 발상에서 출발합니다. 자연에서 아이들은 즐길 수 있습니다. 아이들은 물이 있으면 풍덩 뛰어들고 싶어 하고, 나무가 있으면 올라가 보고 싶어 합니다. 맑은 날씨에는 따사로운 햇살을 즐기고, 비가 올 때는 빗소리를 즐기고 싶어 합니다. 이렇듯 스스로 노는 법을 터득하는 아이들은 스스로 무언가 해내는 방법을 자연스레 터득하게 됩니다. 숲은 창의력의 증폭제인 것입니다. 발 밑의 돌멩이 하나도 훌륭한 교재가 될 수 있습니다. 어떤 사물 하나가 한쪽에서 보면 닭 같기도 하고 다른 한쪽에서 보면 코끼리도 되고 뒤집으면 거북이도 됩니다. 자연은 아이의 상상력을 무한대로 키워줍니다. 숲은 아이들의 탐구대상이기에 떨어진 나뭇가지는 무엇인가 만들어보고자 하는 의욕을 불러일으키고, 거미의 움직임은 생물에 대한 탐구심을 길러줍니다. 그래서 자연과 함께하며 길가의 풀 한 포기도 소중히 여기고 모든 생명체와 더불어 살 줄 아는 능력을 체득하게 되는 것입니다.

2

제가 어린 시절에는 "숲유치원" 그리고 "숲 체험"이라 하는 단어자체가 없었습니다. 그렇지만 제가 바로 소백산 줄기 산골 마을 숲유치원 출신입니다. 뒷동산에 가서 진달래꽃 따먹고 아카시아 꽃으로 전부쳐 먹고 개구리 뒷다리를 구워 먹으며 자랐던 것입니다. 그래서 아주 건강합니다. 그리고 그때를 잊지 못합니다. 지금 아이들은 비좁은 콘크리트 공간 속에 둘러싸여 있습니다. 매일 삭막한 공간 속에서 지내던 아이들을 숲에 풀어놓으니까 아이들은 처음엔 어색해하다가도 잠시 후 자연과 동화되었습니다. 마치 가둬 기르던 동물들을 방사한 것 같았습니다.

숲 속에서 놀며 오감을 통해 스스로 배우는 자연주의 체험교육이 숲유치원입니다. ✑

나무 심기,
사랑 심기

중국 당나라 때

'나무 심는 법'으로 세상의 도를 설파한

곽탁타(郭橐駝)의 말을 재인용한 글입니다.

나무든 사람이든 저마다 자기 안에 생명력과

내면의 자율적 힘을 타고 납니다.

믿음을 가지고 그 자율의 힘에 한껏 맡기는 것이 좋지,

너무 자주 만지고 손대면

작고 일그러진 분재(盆栽)가 되고 맙니다.

"모종을 할 때는

자식같이 정성들여 해야 하고,

그 뒤엔 버리듯이 놔둬야 한다.

걱정도 하지 말고 다시는 돌아보지도 말아야 한다.

그런데 세상에는 이와 반대로 하는 사람들이 많다.

나무를 심어놓고 사랑이 너무 깊은 나머지 심하게 근심하고

아침에 보고 저녁에 와서 또 들여다보고,

잘 자라고 있는가 흔들어도 본다.

이것은 오히려 나무를 자라지 못하게 하는 것이다.

아이에 대한 부모의 지나친 관심도 이러하고

백성에 대한 정부의 간섭 또한

이러한 경우가 허다하다."

오동명의 『부모로 산다는 것』 중에서

숲 유치원 현장

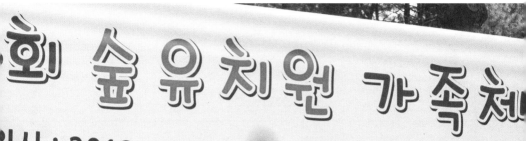

숲 유치원 가족체험

행복한 사람

저는 행복한 사람입니다.

여러분도 따라 해 보세요.

"나는 행복한 사람이다. 우리는 행복한 사람이다."

말이 인격을 만든다는 말과 같이

말은 실제 상황을 만들기도 하는 위력이 있습니다.

비록 현재 행복하지 않더라도

말해보세요. 나는 행복하다고. 우리는 행복하다고.

그러면 정말 거짓말 같은 행복의 마법을 경험하실 수 있을 것입니다.

저는 행복한 사람입니다.

생활이 궁핍하다 해도 사람 나고 돈 났지, 돈 나고 사람 났느냐고

여유 있는 표정을 짓는 사람은 행복한 사람입니다.

누가 나에게 섭섭하게 해도 그동안 나에게 베풀어 주었던

고마움을 생각하는 사람은 행복한 사람입니다.

밥을 먹다가 돌이 씹혀도 돌보다는 밥이 많다며 껄껄껄 웃는 사람은

행복한 사람입니다.

밥이 타거나 질어 아내가 미안해할 때 누룽지도 먹고,

죽도 먹는데 무슨 상관이냐며 대범하게 말하는 사람은

행복한 사람입니다.

나의 행동이 다른 이에게 누를 끼치지 않는가를

미리 생각하며 행동하는 사람은

행복한 사람입니다.

자신의 직위가 낮아도 인격까지 낮은 것은 아니므로

기죽지 않고 당당하게 처신하는 사람은

행복한 사람입니다.

비가 오면 만물이 자라나서 좋고 날이 개면

쾌청해서 좋다고 생각하는 사람은

행복한 사람입니다.

하루 세 끼 먹을 수 있는 양식이 있다는 것을 감사하게 생각하고

비가 새도 바람을 막을 집에 살고 있다는 것을

감사하게 느끼는 사람은

행복한 사람입니다.

좋았던 추억을 되살리고 앞날을 희망차게 바라보는 사람은
행복한 사람입니다.
받은 것은 잊어버리고 줄 것을 잊지 않는 사람은
행복한 사람입니다.

『좋은 생각』 중에서

05

에코힐링산책코스 개발로 건강도시 탄생하다

요즘에는 에코힐링산책코스가 가까이 있는 곳이 가장 살기 좋은 곳입니다. 성북구는 지리적으로 외곽으로는 풍부한 녹지량을 자랑하지만 북한산~북악산~개운산과 천장산~월곡산~북서울 꿈의 숲 등 주요 녹지축이 단절되어 있어서 실질적으로 주민들이 활용할 수 있는 도심내 녹지량은 부족한 실정입니다. 이렇게 열악한 도시환경과 녹지환경의 문제점에도 불구하고, 북한산, 북악산 등 자연문화자원이 풍부한 장점을 살려 관내 산지형 근린공원을 연결하여 2~3시간 걸을 수 있는 코스를 개발하였습니다.

성북구 공원녹지과장 재직 당시 「건강도시 국제세미나」에 참석한 일이 있었습니다. 건강도시라는 주제로 에코힐링산책코스 개발과 산책이 우리 건강에 미치는 영향에 대해서 성북구를 대표하여 발표하게 되었습니다. 그때 정말 운이 좋게도 세계보건기구WHO에서 건강도시대상을 받았습니다. 이 건강의 길을 산책하며 삶의 여유를 느끼는 것이 앞으로 최고의 복지정책이라고 저는 생각합니다.

요즘에는 산책코스가 있는 아파트가 그렇지 않은 아파트보다 가격

이 좀 비쌉니다. 날이 갈수록 자연의 값어치가 올라가는 시대가 올 것입니다. 🍃

2010년도 건강도시 국제세미나 WHO "건강도시대상" 수상

천장산 자락길

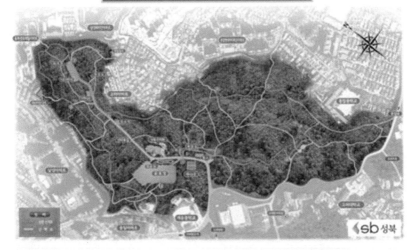

개운산 둘레길

개운산 둘레길

바라보다

눈은 마음의 창이라는 말이 있습니다.

그만큼 우리는 눈빛 하나로도 많은 말을 합니다.

또한 눈빛 하나만으로도 자신을 온전히 드러내 보입니다.

하지만 아무리 사랑스럽고 좋은 눈빛이라 할지라도

그것이 무용하다면 아무런 가치가 없음은 당연할 것입니다.

문제는 관심입니다.

아이의 사랑스러운 눈빛을 볼 때

자신 마음에 잔잔한 파문이 이는 것을 경험해보셨나요?

그렇게 아름다운 눈빛은 아닐지라도

꾸준히 눈빛으로 사랑의 대화를 걸다 보면

자연스레 자신의 눈빛도 상대방의 눈빛도

우리의 관계도 아름다워질 것입니다.

사랑의 눈빛
하나 보내주세요

오늘도 내 가슴에 눈빛 몇 개 쌓였습니다.

사랑의 눈빛,

희망의 눈빛,

감사와 용서와 이해의 눈빛,

이 눈빛들이 하나하나 쌓일 때마다

내 가슴 창고는 그만큼씩 밝아지고 넓어집니다.

우리는 내 앞의 말이나 행동으로 살아가는 것이 아니라

돌아선 다음 가슴 창고에 쌓이는 눈빛으로 살아갑니다.

오늘 내가 누군가에게 사랑의 눈빛 하나 보냈다면 그것은 그를 살게

한 것입니다.

그의 가슴 창고에 며칠분의 생명을 넣어 준 것입니다.

좋은 글 중에서

06

40년 만에 되찾은 북악하늘길

　김신조 외 무장공비 일당이 68년 청와대를 침투하였던 사건을 기억하시나요? 그때 공비들이 우리 군경과 접전을 벌이고 도망가던 경로가 북악산이었습니다. 사건 이후 40년간 통제되었던 그 북악산에 일상에서 지친 이들의 스트레스를 해소시켜주는, 천혜의 자연을 보존한 멋진 산책로가 조성되었습니다.

　2007년 제가 성북구 공원녹지과장 재직 시 북악산은 군부대에 의해 통제되어 있었습니다. 통제된 구역에는 공비들이 도망을 가며 접전을 벌인 흔적이 그대로 남아있고 특히 호경 앞에는 수십 군데 탄흔이 있었습니다. 저는 하나의 아이디어를 떠올렸습니다. '북악산, 저 역사적 현장을 우리 생활 속에 스며드는 국민안보 교육의 장으로 활용하면 어떨까?' 하는 것이었습니다. 그리고 군인 순찰로가 산책로로 이용되면 주민들에게 환상의 산책로가 될 것이라고 생각했습니다.

　저는 먼저 그 통제되었던 현장을 해당 군부대와 협의하여 군순찰로를 이용하여 산책로를 조성할 것을 건의하였습니다. 수차례의 협의와 현장 답사 끝에 이 건의가 받아들여져서 초소마다 전망대를 만들게 되었고, 끝내는 완전히 개방되어 북악하늘길, 일명 '김신조' 루

트가 탄생하게 되었습니다. 산책로 이름을 북악스키이웨이보디 친근감 있게 북악하늘길이라 명명하였습니다. 2010년 4월 15일 북악산 하늘길이 개방되었습니다. 개방 기념행사에는 남양주시 모 교회 목사님으로 활동하고 계시는 김신조 목사님도 초청하였습니다. 철조망을 철거한 자리는 꽃과 나무로 채워졌습니다. 2010년, 역사의 현장이 사람들의 행복과 웃음으로 가득 찼습니다.

고정관념은 없어야 합니다. 두드리면 열리게 됩니다. 행복은 멀리 있는 것이 아닙니다. 그리고 곁에서 행복을 찾을 수 있다면 그것은 멀리 있는 행복보다 더욱 값지고 빛날 것입니다. 북악하늘길은 저의 공직 생활에 보람과 행복을 안겨주었습니다.

김신조 목사와 함께 북악하늘길 개방

격전지 바위에 총탄 흔적

호경앞과 1·21사태 격전지 기록

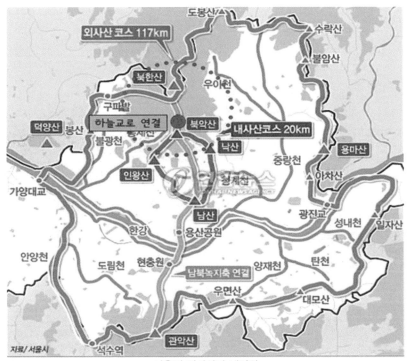

서울의 외사산과 내사산

수도 서울의 외사산(북한산)과 내사산(북악산) 연결

북악하늘길 하늘전망대

기쁨을 주는 사람

누군가 당신 인생의 목적은 무엇이냐 묻는다면

저는 기쁨을 주는 사람이라고 말하겠습니다.

행복도 좋고 사랑도 좋고 보람도 좋지만

누군가에게 기쁨을 주는 사람이 저는 되고 싶습니다.

이유는 간단합니다. 누군가에게 기쁨을 주면

저는 행복도 사랑도 보람도 얻을 수 있기 때문입니다.

왜냐구요? 기쁨을 준다는 것은 그 사람의 기쁨을

보고 싶어 하는 것이고 그런 소중한 사람의 기쁨이라면

저는 늘 행복할 것이기 때문입니다.

그 기쁨이 곧 저의 기쁨이기 때문입니다.

아침에 눈을 뜨자마자

'오늘 한 사람이라도 기쁘게 해 주어야지.'

하는 생각과 함께 하루를 시작하십시오.

햇빛은 누구에게나 친근감을 줍니다.

웃는 얼굴은 햇빛처럼 누구에게나 친근감을 주고
사랑을 받습니다.

인생을 즐겁게 살아가려면
먼저 찌푸린 얼굴을 거두고
웃는 얼굴을 만들어야 합니다.

명랑한 기분으로 생활하는 것이
육체와 정신을 위한 가장 좋은 건강법입니다.

값비싼 보약보다 명랑한 기분은
언제나 변하지 않는 약효를 지니고 있습니다.

우덕현의 〈기쁨을 주는 사람이 됩시다〉 중에서

마음이란 공간

마음은 집과 다를 것 없습니다.

눈에 보이지는 않지만 분명한 공간이 마음입니다.

사람들은 이곳에

사랑하는 사람을 담기도 하고

시기를 질투를 야망을 담기도 합니다.

가끔은 마음이란 상자를 열어서 들여다보기도 합니다.

그러면 그곳엔 자신이 담아뒀던 내용과는

전혀 다른 내용이 들어있기도 합니다.

마음은 다른 곳에 있는 것이 아닙니다.

자기 자신의 영역입니다.

오늘의 당신 마음엔 무엇이 들어있습니까?

잘 보살피지 않으면 엉뚱한 마음이 자리 잡고 있을지도 모를 일입니다.

행복을 숨겨둔 곳

행복은 이 세상이 처음 이루어졌을 때
인간에게는 행복이 미리 주어져 있었다.

그러니 천사들은 인간들이 얼마나 꼴불견이었겠는가.
보다 못한 천사들이 회의를 열어 결의하였다.
인간에게서 행복을 회수해 버리기로….
인간들은 마침내 행복을 빼앗겼다.

그런데 그것을 어디에 감춰두느냐 하는 것이 천사들의 고민이었다.
한 천사가 제안하였다.
"저기 저 바닷속 깊은 곳에 숨겨두면 어떨까요?"
천사장이 고개를 저었다.
"인간들의 머리는 비상하오.
바닷속쯤이야 머지않아 뒤져서 찾을 거요."

한 천사가 제안하였다.
"가장 높은 산의 정상에 숨겨두면 어떨까요?"

이번 역시도 천사장이 고개를 저었다.

"인간들의 탐험정신은 따를 동물이 없어요.

그러니 제아무리 높은 산 위에 숨겨 두어도 찾을 거요."

궁리하고 궁리한 끝에 천사장은 마침내 결론을 내었다.

"인간들의 각자 마음속 깊은 속에 숨겨 두기로 합시다.

인간들의 머리가 비상하고 탐험정신이 강해도

자기들의 마음속에 행복이 숨겨져 있는 것을

깨닫기는 좀체 어려울 것이오."

좋은 글 중에서

그린 복지 서비스

최근 소득수준이 향상됨에 따라 옛날처럼 먹고사는 문제보다는 자연환경에 대한 관심이 높아졌습니다. 그에 따라 웰빙에서 힐링으로, 삶의 질 향상을 위한 주민들의 욕구가 증대되고 있습니다. 공원녹지 분야에 대한 인식 또한 자연환경에 대한 관심과 흐름을 같이합니다.

그래서 요즘 주민들이 직접 피부로 느끼고 주민들과 직접 접하는 접점행정의 중요성이 부각되고 있습니다. 주민들이 공원녹지 행정에 적극적으로 참여할 수 있는 여건 조성이 필요한 것입니다.

공원녹지가 하드웨어적 만남과 소통의 장소에서, 소프트웨어적 힐링프로그램인 숲체험·치유·명상·교육 등 다양한 복지의 장으로 인식되는 것이 중요합니다.

즉 공공복지로서의 공원녹지 모델에는 그린복지 인프라, 그린복지 서비스, 그린생태문화 서비스 등이 있습니다.

그린복지 인프라는 공공복지로서의 공원녹지모델 구성요소 중 가장 기본이 되는 것으로 공원녹지를 양적으로 증대시키고 연결성을 확보하는 것을 말합니다. 즉 그린 복지 인프라는 그린복지 서비스와 그린생태문화 서비스를 할 수 있는 여건을 조성하는 기초라고 할 수 있습니다.

또 그린복지 서비스는 시민을 위한 공공복지 개념으로 수목공개념, 그린서비스 소외지역 해소, 보행약자를 위한 산책로 조성과 공공 일자리 창출 등을 일컫습니다. 그리하여 그린복지 서비스는 주민들이 피부로 느낄 수 있는 서비스 행정이라 볼 수 있습니다.

마지막으로 그린생태문화 서비스는 자연생태교육프로그램 운영과 생태역사문화탐방프로그램, 또 최근에 대두되고 있는 도시농업교육 프로그램 등을 들 수 있습니다.

자연을 보고 느끼는 것도 훌륭한 복지이지만 단순히 그것에 그치지 않고 자연의 혜택을 만끽하는 방법에 대한 고민과 시선의 전환이 필요한 때입니다. 새로운 시대에는 새로운 삶의 방식이 필요하기 때문입니다.

나를 바라봐 주는 나의 인생길

여러분들은 '이 사람은 나의 멘토다.'라고 할 만한 분이 계십니까? 스승은 자신 안에 있다고는 하지만 그것은 평생에 걸쳐 찾아야 하는 마음의 어려운 영역 같습니다. 사람은 혼자 살되 혼자 사는 것이 아닙니다. 이 말은 자신의 인생이되 자신의 인생을 말해줄 수 있는 누군가가 어딘가에는 존재한다는 말입니다. 늘 그렇습니다. 인생은 같은 길을 먼저 간 사람이 존재하는 법이고 우리는 그들에게서 배울 점을 찾아 자신의 인생길을 더욱 멋지게 만들 수 있는 것입니다. 그리고 꼭 멘토가 인물이 아니어도 되는 것 같습니다. 글귀든 사진이든 무언가 자신에게 없는 것을 배울 수 있다면 기꺼이 그것들도 자신의 멘토가 되는 것이라 생각합니다. 이렇듯 자신의 미래를 개척할 수 있는 삶의 이로움은 꼭 필요한 법입니다.

『내가 멘토에게 배운 것』　　　　　　스티븐 K. 스콧 지음 / 류동완 옮김

1. 성공프로그램을 다운로드 받다.

    -생각과 태도를 성공할 수 있는 것으로 다시 프로그래밍 하라.

    -자신을 믿고 예전 프로그램을 버려라.

2. 타고난 성격으로 성공하는 법을 배우다.

　-강점을 강화하고 약점을 보완할 수 있는 파트너십을 맺어라.

3. 시간, 재능 등의 한계를 뛰어넘다.

　-시간은 무엇으로도 대체할 수 없는 자산이다.

　-다른 사람의 자원을 이용하라.

　-특별한 성공을 위한 개인 프로필을 만들라.

4. 성공을 키우는 파트너십을 배우다.

　-필요한 파트너유형을 파악하여 효과적으로 활용하라.

　-시너지 효과를 내는 파트너를 찾아라.

5. 마음을 사로잡은 의사소통기술을 익히다.

　-철저하게 준비하여 설득력 있게 대화하라.

6. 꿈을 현실로 만드는 비전을 세우다.

　-꿈을 이루는 비전을 지도로 만들어라.

7. 이룰 수 있는 것보다 더 큰 꿈을 꾸다.

　　-이룰 수 있는 목표에서 벗어나라.

　　-불가능을 가능으로 만들어라.

8. 토머스 에디슨의 창조성을 배우다.

　　-창조적 일관성을 위한 혁신적인 기술을 사용하라.

9. 실패를 성공의 토대로 삼다.

　　-실패에 대한 두려움을 극복하라.

　　-실패를 친구로 만들라.

10. 비판 안에 숨겨진 금을 찾다.

　　-비판을 피하려는 당신의 성향을 극복하라.

11. 중요한 것을 먼저 하다.

　　-하루하루 당신의 삶을 통제하라.

12. 긍정적인 사람이 되다.

　　-항상 감사하는 마음으로 행복한 인간관계를 만들라.

13. 성공 열정을 불태우다.

　-비전에 대한 열정을 가져라.

※ 비전: 제한된 시간 안에 달성하기 위해 필요한 정확하고 자세한 지도나 계획이 있는 명확하게 정의된 꿈.

08
반려식물을 아시나요

산업화 과정을 거치면서 많은 사람들이 도시로 몰려들게 되었습니다. 자연스레 주거 공간은 집단화되었으며 자연을 느낄 수 있는 공간은 줄어들게 되었습니다. 현재의 도시생활은 실내에서 90% 이상을 보낸다고 합니다. 이러한 생활환경의 변화가 인간으로 하여금 실내식물에 대한 관심을 갖도록 하였고, 실내에서의 원예활동이 발달하는 계기가 되었습니다.

가정원예란 우리가 생활하는 실내 공간에서 식물을 가꾸고 관리하면서 공기 정화, 원예치유, 장식의 효과를 볼 수 있는 활동을 말하며, 궁극적인 목적은 쾌적하고 아름다운 생활공간을 만들어 건강한 삶을 영위하는 것에 있다고 말할 수 있습니다.

혹시 여러분은 반려식물이란 말을 들어본 적 있으신가요? 반려식물은 가정원예를 통해 길러지는 관엽식물을 말합니다. 간단히 말해 반려동물을 대체하는 유사개념의 신新복지라 할 수 있습니다. 반려식물은 고독사를 예방하고 반려동물을 키우기 어려운 노년층에게 삶의 활기와 따뜻함을 불어넣어 줍니다. 가정에서 자연과 가까이 생활하며 마음의 평온을 찾을 수 있을 것입니다. 그리고 저는 이것이 바로 어르신 복지라고 생각합니다.

깨달으며
사는 삶

저는 아직도 배웁니다.

배움이 멈추는 삶은 생명이 멈춘 삶과 다름이 없습니다.

그리고 그것은 죽음과도 다름이 없습니다.

깨닫는 것은 무엇인지 되물어야 할 때입니다.

그것은 단순한 배움을 넘어 진정한 생명

진정한 자아를 갖는 일은 아닐까요?

고인 물은 썩는다는 말처럼 사람도

인생도 그렇게 '잘 굴러가야' 되는 것 아닐까 생각해봅니다.

돈, 권세, 명예: 나쁜 짓을 해도 얻을 수 있는 것.

건강, 지혜(깨달음), 사랑: 나쁜 짓을 하면 얻을 수 없는 것.

지식: 배워야만 아는 것

순진한 남녀가 3년 동안 신부와 생활하면 신부같이 된다. 즉 무엇을 보고 듣느냐에 따라 인격이 형성된다.

깨끗하게 먹고 깨끗하게 입고 깨끗한 마음을 가진다면 당연히 깨끗한 사람이 되겠죠.

① 베개를 잘 베어야 하룻밤이 편하고

② 이발을 잘하면 1주일이 멋있고

③ 신발을 잘 사면 몇 개월이 편안하다.

④ 된장을 잘 담그면 1년이 편안하고

⑤ 집을 잘 지으면 몇 십 년이 편하고

⑥ 배우자를 잘 만나면 한평생이 편하고 후손까지 편하다.

열정은 잘 만들어진 기계를 작동시켜 돌아가게 하고 또 기계가 더 신나게, 더 잘 돌아가게 만드는 전기장치다.

모든 사람들은 승리자를 위해 일하고 싶어 하고 승리자 편에 서기를 원한다.

어느 누가 조직의 약점만 지적하는 리더를 위해 일하고 싶겠는가!

어느 누가 비관주의자를 위해 일하겠는가!

어느 누가 컵의 빈 부분만 보려는 리더를 위해 일하겠는가!

어느 누가 희망을 주기보다는 비판하고 흠잡는 리더를 위해 일하고 싶어 하는 사람이 있겠는가!

당신을 사랑하는 마음 천년이 흘러도

사랑은 늘 우리를 뜨겁게 합니다.

사랑은 늘 우리를 다시 태어나게 하고 다시 아름답게 합니다.

부모님에 대한 사랑, 아이에 대한 사랑, 인생 동반자에 대한 사랑

어떤 사랑도 아름답고 고귀합니다.

지금 누군가를 사랑한다면 말해보세요.

당신을 사랑해서 나 또한 사랑스러운 인생을 살고 있다고.

당신이 있어서 내가 있는 것이라고.

나의 사랑이 당신에게 닿아 더 아름다운 우리가 되었으면 좋겠다고.

사랑을 다해 사랑하며 살다가

내가 눈 감을 때까지

가슴에 담아가고 싶은 사람은

내가 사랑하는 지금의 당신입니다.

세월에 당신 이름이

낡아지고 빛이 바랜다 하여도

사랑하는 내 맘은

언제나 늘 푸르게 피어나
은은한 향내 풍기며
꽃처럼 피어날 것입니다.

시간의 흐름에 당신 이마에 주름지고
머리는 백발이 된다 하여도
먼 훗날 굽이굽이 세월이 흘러
아무것도 가진 것 없는 몸 하나로
내게 온다 하여도
나는 당신을 사랑할 것입니다.

사랑은 사람의 얼굴을 들여다보며
사랑하는 것이 아닌
그 사람 마음을 그 사람 영혼을
사랑하는 것이기 때문입니다.

그렇기에 주름지고
나이를 먹었다고 해서 사랑의 가치가
떨어지는 것이 아니기 때문입니다.
만약 천년이 지나
세상에 나 다시 태어난다면 당신이 꼭

내 눈앞에 나타났으면 좋겠습니다.

세월의 흐름 속에서도 변하지 않고
가슴에 묻어둔 당신 영혼과
이름 석 자
그리고 당신만의 향기도
언제나 옆에서 변함없이
당신 하나만 바라보며 살겠습니다.

지금 내 마음속에 있는
한 사람을 사랑하며 내가 죽고 다시
천년의 세월이 흘러
내가 다시 태어난다 해도
사랑하는 사람의
부르고 싶은 단 하나의 이름은
지금 가슴속에 있는
당신의 이름입니다.

좋은 글 중에서

09
남을 배려하는 조경 문화

옛날 배고픈 시절엔 조경이란 그다지 중요하지 않았습니다. 먹고사는 문제가 최우선 과제였기 때문입니다. 하지만 지금은 상황이 다릅니다. 대한민국은 세계 10대 경제대국에 들 정도의 문화 수준과 경제 수준을 갖췄습니다.

현재 우리나라의 조경 문화는 선진국 수준에 도달하였습니다. 거리를 보아도 꽃이나 화분 관리가 잘되어 있고, 예전의 미숙했던 조경과는 달리 서울 시내 버스전용차로만 보더라도 난간에 화분을 걸어놓은 것이 참 아름답습니다.

개나다 퀘벡에 간 직 있습니다. 도시를 거닐면서 골목에 상가마다 꽃을 달아놓은 풍경을 볼 수 있었습니다. 그것은 자기 집에서 혼자 보려고 달아놓은 꽃이 아니라 집 앞을 지나가는 이웃 사람들이 친근하게 꽃을 감상할 수 있도록 해 놓은 일종의 배려였습니다. 거기서 저는 선진국의 의식 수준을 보았습니다. 우리나라의 시민 의식과 조경 문화도 이렇게 발전해나갔으면 하는 작은 바람을 가져봅니다.

일본의 조경패턴은 우리나라와 비슷한 부분이 많습니다. 거리가 가까운 것처럼 문화도 밀접합니다. 일본의 조경을 보면 아기자기하면서 섬세한 일본 특유의 장인정신이 조경 문화에 깃들어 있습니다. 그런 것은 배울 점이라고 생각합니다. 우리나라의 조경은 한때 훼손에 취약한 모습을 가진 적이 있었지만 이제는 깔끔한 외관과 원리원칙에 입각한 조경을 선보이고 있으며 선진국 수준에도 손색이 없습니다. 🌿

일본 조경 사례

얼굴 풍경

얼굴 풍경에 그 사람의 모든 것이 담겨 있습니다.

어제까지 어떻게 살아왔는지, 오늘 형편은 어떤지,

내일을 어떤 모습으로 살아갈지가 한눈에 드러납니다.

그 사람의 얼굴 풍경이 곧 그의 인생 풍경입니다.

오로지 전적으로 자신의 몫이며,

어느 누구도 대신해서 풍경을 바꿀 수 없습니다.

사람의 얼굴은 유전적으로 타고나기도 하지만

살아가는 도중에 자신의 성격대로

자신의 이미지대로 변해 가는 것이라는 사실을

내 얼굴의 변천사를 봐도 잘 알 수 있다.

마치 매일 가는 산도

봄, 여름, 가을, 겨울이면 그 풍경이 바뀌듯

얼굴도 나이에 따라서 그 풍경이 바뀌고 있는 것이다.

그런 의미에서 얼굴은

그 사람의 역사이며 살아가는 현장이며

그 사람의 풍경인 것이다.

최인호의 『산중일기』 중에서

숨어 있는 능력

누구에게나 '숨은 능력'이 있습니다.
그 숨은 능력이 갑자기 발견되는 경우는 드뭅니다.
극심한 고통과 한계 상황을 거치면서
비로소 내 안에 고이 잠들어 있던 잠재력이
밖으로 솟구쳐 오르게 됩니다.
숨은 능력을 찾아내는 것이
인생의 재발견이며,
생애 최고의 순간입니다.

자신의 능력으로는 도저히 불가능해 보이는 수준의 일을
하도록 강요받지 않으면
내 안에 숨어 있는 능력은 영원히 빛을 못 볼 수도 있다.
잠재력을 끄집어내는 과정은 고통스럽지만,
한계를 뛰어넘어 잠재력의 발현을 경험하는 것을
살면서 느낄 수 있는
몇 안 되는 소중한 순간이다.

황농문의 『몰입』 중에서

10

비오톱이 풍부한 생태도시가 행복도시이다

비오톱이란 Biotope=Bios생명+topos영역. 땅의 합성어로 1908년
독일의 동물학자 Dabl에 의해 최초로 사용되었으며 다양한 생물종의
공동서식장소의 최소단위로 지형적·기후적으로 동일한 생명조건과
일정한 공간을 가진 생명서식공간을 말합니다.

흔히 볼 수 있는 숲 속의 죽은 나무가 소생물 서식공간으로 안성맞
춤입니다.

산에 나무를 심고 그 나무가 성장하면 간벌솎아 내기작업을 하게 됩
니다. 작업을 한 후 그 부산물을 하산시키지 않고 쌓아두면 그 속에
수많은 소생물들이 서식하게 되고 그것이 소생물 아파트가 되는 것
입니다.

그러므로 비오톱은 생물이 살아가는 서식처로서 종의 공급처이자
수용처이며 생물의 이동 통로이기도 합니다.

우리 도시는 각종 개발 사업으로 생태계가 단절되는 문제점을 안
고 있습니다. 생물종의 다종성, 생태계 보존을 위해 비오톱의 공급에
도 많은 노력이 필요한 시대입니다.

도심의 가로수, 벽면녹화, 생울타리, 옥상녹화 등을 통해 만들어지는 녹지대는 훌륭한 비오톱이 됩니다. 이렇게 비오톱이 풍부한 도시가 생태도시이고 이것이 곧 행복도시입니다.

비오톱

북악산 성북천 발원지

당신을 만났습니다

아름다운 당신을 만났습니다.

내가 손을 건네고 나는 그 손을 잡았습니다. 따뜻했습니다.

유쾌한 당신을 만났습니다.

힘든 일이 미소 뒤로 사라지는 것 같았습니다.

힘들어하는 당신을 만났습니다.

해줄 수 있는 것은 없지만 같이 있어주고 싶었습니다.

오랜만에 당신을 만났습니다.

긴 시간 동안 변한 건 많았지만 당신이 있어

행복한 나의 마음은 변함이 없었습니다.

생각이 아름다운 사람들

좋은 사람

마음이 통하는 사람을 만났습니다.

자신의 부족함에 대해 반성하는 이야기를 하더군요.

하지만 나는 그 사람의 얼굴에서 말에서 몸짓에서 넘쳐나는 풍족함을

보았습니다.

전화 목소리만 들어도 왠지 편안해지는 사람을 만났습니다.

자신의 조급함에 대해 이야기하더군요.

하지만 나는 그 사람의 일상에 깃들어 있는 여유로움을 읽었습니다.

얼굴이 자주 붉어지는 사람을 만났습니다.

자신의 우유부단함에 대해 이야기하더군요.

하지만 나는 자신에게는 말할 수 없이 엄격하면서도

다른 사람들에게는 늘 이해와 아량으로 대하는 그의 삶에서

진정한 단호함이란 무엇인가를 느꼈습니다.

사람 향기가 물씬 묻어나는 사람을 만났습니다.

자신의 교만함에 대해 이야기하더군요.

하지만 나는 약하고 보잘것없는 사람들 앞에서는

자신을 한없이 낮추면서도

힘으로 남을 억누르려 하는 자들 앞에서는

한 치도 물러서지 않는 그 사람의 당당한 행동에서 진정한 겸손함을
배웠습니다.

문득문득 그리워지는 사람을 비로소 만났습니다.

자신의 좁은 식견에 대해 이야기하더군요.

하지만 나는 그 사람의 눈동자에서 원대한 꿈과 이상을 엿보았습니다.

참 흐뭇한 날이었습니다.

이렇듯 좋은 사람을 친구로 둔 나는 정말로 행복한 사람임에 틀림없습
니다.

그 한가운데 서 있는 사람이

바로 당신이었으면 더 좋겠습니다.

숲에서
긍정을 배우다

01

숲에서 배우는 긍정에너지

숲길 걷기가 인지능력과 긍정적 정서변화에 큰 효과가 있다는 사실이 최근 국립산림과학원 연구팀에 의해 과학적으로 밝혀졌습니다.

연구 결과에 의하면 숲길을 걸으면 인지능력이 향상되고 우울감과 분노, 피로감, 혼란 등의 정서가 긍정적으로 변한다는 것입니다.

이는 숲 속에서 경험하는 녹색, 빛, 소리, 공기 등 다양한 물질 환경이 인간의 스트레스와 심리적 피로감을 감소시키는 데 긍정적인 역할을 하고 있음이 확인된 것입니다.

미국에 베스트셀러 작가 '소로'가 번잡한 생활을 피해 숲 속에 들어간 이유는 느긋하게 숲 속에서 깨어있는 삶을 살기 위해서라고 말했습니다.

숲의 고요함과 쾌적함, 숲의 푸른색은 청량감을 주며 싱그러운 향기, 흙의 감촉, 맑은 물소리와 새소리 등은 오감을 자극합니다.

또한 숲은 다양한 생명체가 어울려있는 거대한 생태계로서 자연체험의 장으로 대표될 수 있습니다.

제가 상명대학교에서나 혹은 지역주민을 상대로 자연생태 관련 강의를 할 때 꼭 빼놓지 않고 말하는 것이 있습니다. 그것은 바로 '숲에서 배우는 긍정에너지'입니다.

유수불쟁선流水不爭先: 흐르는 물은 앞을 다투지 않는다.

흐르는 물은 앞을 다투지 않습니다. 경쟁하지 않고 그저 순리대로 흘러갈 뿐입니다. 그리하여 종국에는 바다에 도달할 것입니다.

숲은 자연을 상징하고 녹색은 생명을 상징합니다. 자연은 우리에게 많은 것을 가르쳐주고 있습니다. 우리가 조금 더 자연의 순리에 귀를 기울인다면 보다 행복한 삶을 살 수 있지 않을까요?

여기서 생기는 긍정마인드가 긍정에너지로 변하게 된다고 봅니다.

미소

한 번의 미소도 귀한 요즘입니다.

도통 웃을 일이 없다고 주변 사람들은 하소연 합니다.

그도 그럴 것이 나라의 어려운 일이며 그에 따른

서민들의 지갑 사정이 영 말이 아니기 때문입니다.

저절로 웃는 날이 오면 얼마나 좋을까요? 맞습니다.

저절로 미소 지어지는 날이 우리가 정작 맞고 싶은 미래일 것입니다.

하지만 그 미래를 앞당기는 방법이 있습니다.

행복은 행복을 전염시킨다고들 합니다. 그렇습니다.

우리의 미소가 주변을 웃게 하고 덩달아 세상을 웃게 할지 누가 알겠습니까?

작은 미소로 커다란 행복을 가꾸는 방법을 실천해봅시다.

바로 자기 자신부터 희미할지라도 미소지어 보는 것입니다.

어렵지 않습니다. 지금입니다.

미소에는 마음이 따뜻해지고 풍요로워지는 기분 좋음이 있습니다.

한 번도 만난 적 없고 알지도 못하는 누군가가

보내주는 한순간의 미소에도

아주 조금이지만 움직이는 것이 사람의 마음입니다.

미소라는 사랑은 확실히 우리의 마음을 움직입니다.

그래요. 미소는 사랑이고 또한 마음을 움직입니다.

그렇기 때문에 미소에는 미소가 돌아오면 행복합니다.

미소와 미소가 오고 가는 만큼 행복은 더욱더 부풀어 오릅니다.

미소는 미소 짓는 사람 자신을 기분 좋게 만듭니다.

미소를 눈으로 보는 것도 기분 좋습니다.

그 미소에 주위의 미소가 합해지면

더욱더 기분 좋게 더욱더 풍성하게

사랑이 부풀어 오릅니다.

발전하는 나

자기계발이 중요시되고 있는 시대입니다. 너무 과하다 싶을 정도로 자기계발을 부추기는 감도 없지 않지만 그만큼 사회의 주요한 키워드임에는 부정할 수 없을 것입니다. 그렇다면 진정 자기계발을 할 수 있는 방법은 무엇일까요? 가지각색의 방법과 시각이 많지만 핵심을 집약하는 듯한 말을 듣기는 참 어렵습니다. 여기 자신을 발전시킬 수 있는 방법 그리고 세세한 부분들 중 인사 잘하는 방법을 알아보고 성숙한 사회인으로서의 성장을 위한 기초적인 부분들을 살펴볼까 합니다.

위대한 나의 발견 – 강점혁명

마커스 비킹엄, 도널드 클리프턴 著

1. 자기개발의 핵심은 바로 자신의 장점을 찾아 거기에 자원을 집중하는 것이다.
2. 약점을 고치는 것이 아니라 강점을 극대화해야 뛰어난 사람이 될 수 있다.
3. 인간의 70%는 자신이 무엇을 좋아하고 무엇을 잘하는지 모르고 죽어간다고 한다.

4. 극소수만이 자신이 무엇을 좋아하는지 알고 그 좋아하는 일을 직업으로 삼아 성과를 올리고 인생을 즐긴다.

5. 자신의 강점을 발견한 사람은 성공에 접근한 사람이다.

6. 자신의 강점을 강화하고 활용하는 사람은 이미 성공한 사람이다.

7. 자신이 가장 잘할 수 있는 일을 매일 아침 일어나 할 수 있는 사람.

** 그 사람이 바로 성공한 사람이고 행복한 사람이다.

인사하는 방법

1. 안녕하십니까. 잘 다녀오셨어요? 출장은 어떠셨어요? 한마디 더

2. 밝고 기분 좋게 인사하는 사람을 보면 한번 더 쳐다보게 됨.

3. 말끝을 흐리면 자신감이 없어 보이고 우물쭈물하면 우유부단한 사람처럼 보이기 쉽다.

4. 또 끝을 명료하게 해야만 야무진 사람의 이미지를 심어 준다.

5. 무표정하고 인사말이 없는 경우엔 억지로 인사하는 것으로 보인다.

6. 인사말을 잘하는 사람은 마음의 열정이 표정에 그대로 드러난다.

표정 없이 말하면 가식적이고 성의 없는 느낌을 준다.

7. 표정에 성의와 열정을 담고 인사하는 습관을 길러야 한다.

** 성실하고 열정적이고 신뢰감을 주는 모습을 당당하게 표현해보면 어떨까. 내가 먼저 밝게 인사하자.

자연과 함께하는 행복

미국의 사상가 에머슨은 진정한 성공이란 자기가 태어나기 전보다 이 세상을 조금이라도 살기 좋은 곳으로 만들어 놓고 떠나는 것이라고 했습니다. 자신이 한때 그곳에 살았음으로 해서 단 한 사람의 인생이라도 행복해지는 것, 이것이 진정한 성공이라 했습니다.

상명대 교양대학 생태문화와 에코토피아 수강생 성북생태체험관 현장답사

제가 강의하는 상명대학교 교양대학에서 학생들에게 리포트를 내준 적이 있습니다. 생태문화와 에코토피아라는 강의에 걸맞게 계절의 변화에 따라 수목이 변하는 과정을 서술하는 것이 리포트의 주제였습니다. 교양 과목으로 수강하는 학생들이기 때문에 다소 부담스러운 과제가 아닌지 걱정이 되었지만 저의 걱정과는 다르게 결과는 기대 이상이었습니다. 모두들 자연의 변화에 대해 진솔한 리포트를 제출했고 거기엔 벚나무 꽃이 어떻게 피고 지는지, 그리고 개나리꽃이 먼저 피고 잎이 핀다는 것, 우리 주변에서 흔히 볼 수 있는 목련, 철쭉, 진달래 등이 계절에 따라 어떻게 변화하는지에 대해 소상하게 기록되어 있었습니다. 그건 열정과 더불어 많은 시간과 관찰이 필요하므로 하고자 하는 진솔한 마음이 없었다면 작성하기 어려운 과제였습니다. 학생들과 대화를 통해 저는 더욱 많은 것을 깨닫게 되었습니다. 자연에 대한 관심을 기울이면서 사람들은 행복을 느낀다는 것을 알 수 있었습니다. 🍃

가족 간 사랑을 위한
10가지 충고

앞이 보이지 않을 때

손을 잡아준 것은 가족이었습니다.

인생이 외롭고 힘들고 치질 때

내 곁에 있어준 것은 가족이었습니다.

아침을 맞을 때 저녁을 마무리 할 때

함께 하루를 발견한 건 가족이었습니다.

나의 이야기가 꿈이 되어준 것은

나의 사랑하는 가족이었습니다.

가족 사랑이 모든 사랑의 시작입니다.

1. 계산하지 말 것.

2. 후회하지 말 것.

3. 되돌려 받으려고 하지 말 것.

4. 조건을 내세우지 말 것.

5. 다짐하지 말 것.

6. 기대하지 말 것.

7. 의심하지 말 것.

8. 비교하지 말 것.

9. 확인하려 하지 말 것.

10. 채근하지 말 것.

감사하다고
해보세요

우리는 소중함을 잊고 살아가는 듯합니다. 특히 주변에 나를 둘러싸고 있는 사람의 소중함을 말입니다. 소 잃고 외양간 고친다는 말이 괜히 있는 게 아닐 것입니다. 아직 이르다고 생각했던 때가 실은 너무 늦은 때일지도 모르는 법입니다. 서로의 친근한 말로서 서로의 마음을 어루만져주고 그러한 따뜻한 마음으로 관계의 두터움을 느낄 수 있다면 지체할 필요가 없을 것입니다. 자, 오늘입니다. 자, 오늘이 그날입니다. 말해보세요. 당신이 내게 있어 감사하다고. 당신은 가만히 있어도 내게 늘 감사한 사람이라고. 자, 지금이 그때입니다.

지금 기억나는 사람에게 감사하다고 생각해 보세요

그 사람으로 인하여 나의 삶이 얼마나 따뜻하며 아름다운지를 알게 될 겁니다

내가 감사한 마음을 가지는 순간 나는 마음에 여유가 넘치고

그 사람의 소중함을 알게 됩니다

지금 옆에 있는 사람에게 감사하다고 인사해 보세요

그 한마디로 인하여 나는 결코 외롭지 아니하며 좋은 친구들을 알게 될 겁니다

내가 감사의 인사를 건네는 순간 나는 더불어 사는 걸 배웠고

나 자신의 소중함을 알게 됩니다

지금 하고 있는 일을 보며 감사하다고 웃어보세요

그 웃음으로 인하여 나의 일이 얼마나 소중하며 고마운지를 알게 될 겁니다

내가 감사의 미소를 보내는 순간 나는 신뢰받는 사람이 되고

그 일들이 중요함을 알게 됩니다

지금 사랑하는 사람에게 감사하다고 말해보세요

그 고백으로 인하여 내가 사는 이유를 알게되며 행복을 느끼게 될 것입니다

내가 감사하다는 말을 하는 순간 나는 사랑받는 사람이 되고

그 사람이 내 전부임을 알게 됩니다

03
휴머니즘

    헌법 제10조에서는 "모든 국민은 인간으로서의 존엄과 가치를 가지며 행복을 추구할 권리가 있다."고 행복추구권을 규정하였습니다. 또 제34조에서는 "모든 국민은 인간다운 생활을 할 권리를 가진다. 국가는 사회보장·사회복지의 증진에 노력할 의무를 진다."고 규정하여 복지국가의 실현을 위한 국가의 의무를 선언하고 있습니다.

    굳이 헌법을 들고 오지 않더라도 인간은 행복하기 위해 태어난 존재인 것입니다. 우리는 '행복할 권리'가 있습니다. 그리고 그것은 복지와 자연과의 결합으로 이루어진다고 저는 생각합니다.

    우리나라의 인구 대비 등산 인구는 세계에서 1위라고 합니다. 그렇다면 우리의 등산문화는 어떨까요? 이제까지의 등산 문화가 정신없이 옆도 보지 않고 정상까지 올라갔다가 내려오는 문화였다면 요즘에는 쉬엄쉬엄, 느릿느릿 걸으며 자연을 감상하고 향유하는 형태로 패턴이 바뀌어 가고 있습니다.

    그렇습니다. 경쟁과 성장 중심에서 삶의 질 중심으로 우리는 인간다움 즉 휴머니즘을 추구해야 하는 것입니다. 그리고 이것이 우리가 숨 쉬며 살아가는 도시의 패러다임이 되어야 합니다.

99℃ 사랑이 아닌 100℃ 사랑으로 살아라

얼마나 멋있는 말입니까?

'99℃ 사랑이 아닌 100℃ 사랑으로 살아라'

무언가에 온전히 자신을 바치는 사람들의

열정을 보면 그 뜨거움에 감동받기 마련입니다.

어쩌면 누군가를 사랑하고 존경하고 마음에 품는 계기 중에는

그 사람의 100%의 모습을 보았을 때가 아닌가 생각합니다.

그 사람의 무섭게 자신의 일에 집중하는 몰두를 보고 말입니다.

사랑도 그렇습니다.

무엇도 재지 않고 앞뒤 보지 않고 누군가에게

자신의 마음을 온전히 바친다는 것, 그것이 진정한 사랑이 아닐까요?

그리고 그런 사랑을 할 줄 아는 사람이라면

어떤 것에서도 그 사람의 진심이 묻어날 것 같습니다.

속담에 '밥은 봄처럼, 국은 여름처럼, 장은 가을처럼, 술은 겨울처럼'
이란 말이 있다.

모든 음식에는 적정 온도가 있기 마련이다.

사랑에도 온도가 있다. 사랑의 온도는 100℃이다.

너무 많은 사람들이 99℃에서 멈춰 버린다.

기왕 사랑하려면 사랑이 끓어오르는 그 시간까지 사랑하여라.

계란프라이가 아닌 생명으로 살아라

스스로 껍질을 깨고 나오면 생명병아리으로 부활하지만, 남이 깰 때까
지 기다리면 계란 프라이밖에 안 된다.

더군다나 뱀은 그 허물을 벗지 않으면 죽는다고 하지 않은가?

남이 너를 깨뜨릴 때까지 기다린다는 것은 비참한 일이다.

너의 관습의 틀을 벗고, 고정관념을 깨뜨려, 매일 새롭게 태어나라.

돼지로 살기보다는 해바라기로 살아라

돼지는 하늘을 쳐다보지 못한다. 넘어져야 비로소 하늘을 쳐다볼 수
있다.

하지만 해바라기는 늘 하늘을 향해 있다. 해바라기가 아름다운 것은,
아무리 흐린 빛도 찾아내 그쪽을 향하는 데 있다.

비록 흐린 날이라도 하루에 한 번, 별을 관찰하는 소년의 심정으로 하늘을 쳐다보아라.

나이로 살기보다 생각으로 살아라

사람은 생각하는 대로 산다. 그렇지 않으면 사는 대로 생각하고 만다.

생각의 게으름이야말로 가장 비참한 일이다. 이래서 상놈은 나이가 벼슬이라 한다.

나이가 아닌 생각으로 세상을 들여다보아라.

생리적 나이는 어쩔 수 없겠지만, 정신적 나이, 신체적 나이는 29살에 고정해 살아라.

인상파 보다 스마일맨으로 살아라

잘생긴 사람은 가만있어도 잘나 보인다.

그러나 못생긴 사람은 가만있는 것만으로도 인상파로 보이기 십상이다.

너는 '살아있는 미소'로 누군가에 기쁨을 전하는 메신저가 되어라.

표정을 잃게 되면 마음마저 어둠에 갇힌다는 말이 있듯 네 마음에 지옥을 드리우지 말아라

네가 네게 가장 먼저 미소 지어 주는 그런 사람이 되어라.

거북이보다 오뚝이가 되어라

신神은 실패자는 쓰셔도 포기자는 안 쓰신다. 그뿐일까?

의인은 일곱 번 넘어질지라도 다시 일어난다고 하지 않는가.

돌팔매질을 당하면 그 돌들로 성을 쌓으라는 말이 있다.

너는 쓰러지지 않는 게 꿈이 아니라, 쓰러지더라도 다시 일어서는 게 꿈이 되도록 하여라.

한번 넘어지면 누군가가 뒤집어 주지 않으면 안 되는 거북이보다

넘어져도 우뚝 서고야 마는 오뚝이로 살아라.

고래가 아닌 새우로 살아라

사막을 건너는 건, 용맹한 사자가 아니라 못생긴 낙타다.

못생긴 나무가 선산을 지키듯, 우리의 식탁을 가득 채우는 것은 고래가 아니라 새우다.

누군가의 삶에 필요한 존재가 되어 살아라.

종업원이 아닌 매니저로 살아라

종업원과 매니저의 차이는 딱 한가지다. 종업원은 시키는 일만 하지만 매니저는 프로젝트가 있다.

너는 네 인생의 프로젝트를 세워 매니저로 살아라.

너는 너를 즐겁게 하는 일에 마음을 쏟아라.

너를 위해 이벤트를 마련하고 자주 스스로 칭찬해라.

세상보다 가정에서의 성공을 우선해라

가정을 사랑의 기업이라 부른다. 자식은 벤처기업과도 같다.

세상에서 성공인으로 기억되기보다 가정 안에서 성공인이 되어라.

자녀들의 영웅이 된다는 것은 신이 인간에게 내린 가장 큰 선물이다.

그 어떤 성공보다 가정에서의 성공을 꿈꾸며,

그 어떤 훈장보다 자녀들의 한 마디에 더 큰 인생의 승부를 걸어라.

그리고 아내에게서 이런 말을 듣도록 노력해라.

"당신이야말로 가장 뛰어난 남자였습니다."

04

슬로우 라이프(slow life)가 진정한 행복

산속의 솔바람 소리, 계곡의 물소리, 지저귀는 새소리. 이것들이 자연의 소리입니다. 이 자연 속에는 활력과 생명이 있습니다. 하지만 다 알면서도 자연과 함께하기가 어려운 것이 우리의 현실입니다.

그러나 최근 슬로우 라이프를 지향하는 사람이 많아졌습니다. 대한민국은 철저한 경쟁사회입니다. 우리는 오직 1등만을 바라보며 달려왔습니다. 부정적인 측면도 많았지만 어쨌든 현재 대한민국은 고도의 경제성장으로 선진국 반열에 올랐습니다. 그렇게 시대는 변화되어 이제 우리는 삶의 질을 생각하면서 천천히 살아가는 문화를 추구합니다.

제가 성북구 공원녹지과장으로 재직한 때입니다. 고려대 공대를 졸업하고 삼성연구소에서 연구직으로 근무했던 직원이 9급 공무원으로 저희 과로 발령을 받았습니다. 저는 궁금해서 왜 명문 대학을 나와서 좋은 직장을 그만두고 9급 공무원으로 다시 시작했느냐고 물어보았습니다. 그는 이렇게 대답했습니다.

"야근에, 실적에 스트레스가 너무 심했습니다. 정시에 출근하여 내가 맡은 바에 최선을 다하고 정시에 퇴근하여 취미 생활도 즐길 수 있는 여유로운 생활을 하고 싶었습니다. 그래서 지금 삶의 여유와 행복을 찾은 것 같습니다.”라고 그 직원은 말했습니다.

성공도 중요하지만 행복이 우선이며 행복 없는 성공은 있을 수 없습니다. 그 직원은 함께 근무하던 웃음이 많은 여직원과 결혼하여 아들딸 낳아 잘 키우며 너무 행복하게 살고 있습니다. 가장 행복한 사람은 자기가 하고 싶은 일과 해야 할 일이 같은 사람이라고 합니다.

당신의 일생을
바꿀 수 있는 말

누구나 쓰러졌던 기억이 있을 것입니다.

그리고 어렵사리 다시 일어섰던 기억이 있을 것입니다.

한번 떠올려보십시오.

그때 손을 내밀어준 사람의 얼굴을, 그리고 그의 말을.

혹 이런 말은 아니었습니까? '괜찮아.'

'다시 할 수 있어.' '멈추지 마.' '늦지 않았어.'

누구에게나 평생 마음에 담고 살아가는 말이 있습니다.

그것은 용기이자 자신을 버티게 해주는 힘입니다.

그리고 그것은 밝은 미래에 먼저 가 있는 말입니다.

훌륭한 사람이라는 것은 보통 사람보다 어질고 욕심과 정열에 좌우되지 않는 사람을 말하는 것은 아니다.

무엇보다 남보다 좋은 계획을 세우고 실천하는 사람이 훌륭한 사람이다.

한번 넘어졌을 때 원인을 깨닫지 못하면 일곱 번을 넘어져도 마찬가지다.

가능하면 한 번만으로 원인을 깨달을 수 있는 사람이 되어야 한다.

실패를 두려워하기보다는 진지하지 못한 태도를 두려워해야 한다.

실패하기 위한 계획을 세우는 사람은 없다.

다만, 성공을 위한 계획을 세우지 않을 뿐이다.

꿈은 날짜와 함께 적어놓으면 목표가 되고 목표를 잘게 나누면 계획이 되며 계획을 실행에 옮기면 꿈은 실현되는 것이다.

비장의 무기가 아직 나의 손에 있다. 그것은 "희망"이다.

만약 한 사람의 인간이 최고의 사랑을 성취한다면,

그것은 수백만 사람들의 미움을 해소시키는 데 충분하다.

삶에서 가장 파괴적인 단어는 "내일"이다.

"내일"이란 단어를 자주 사용하는 사람들은 가난하고 불행하고 실패한다.

"오늘"은 승자들의 단어이고 "내일"은 패자들의 단어라고 한다.

당신의 일생을 바꾸는 말은 "오늘"이다.

글로벌 시대의
생존전략

그야말로 글로벌 시대입니다. 너 나 할 것 없이 스마트 폰으로 대화·교류하며 지구"촌"이라는 말이 무색하지 않을 정도로 지구 반대편 이야기가 실시간으로 우리 귀에 들어옵니다. 이러한 현상에는 무조건 좋은 점만 있는 것은 아니지만 문명의 발달이 당연한 이치라면 인간·사고의 발달도 그에 상응해야 할 것입니다. 즉 글로벌 시대는 글로벌 시대만의 "전략"이 필요하다는 생각입니다. 시대의 흐름에 따라 발맞춰 움직이고 자신의 인생만의 가치를 찾아내는 것. 그것이야말로 글로벌 시대의 글로벌인 아닐까요?

1. 정성을 다하자 (안창호 선생의 교훈)
-남의 일을 자기 일처럼 열심히 하자.
-큰일이건 작은 일이건 손님을 접대할 때도 전화를 할 때도
-인간최고 자본과 덕목을 정성
-직장에서도 가정에서도 근면과 성실, 정성
** 안창호 선생 미국유학시절 화장실 청소 아르바이트로 감동을 줌

2. 목표를 정하자
-매일 목표를 정해서 일을 하자.

-휴일 잠을 잘 때도 목표를 세워서 자면 저녁때 실컷 잤네, 기분후련
-목표 없이 자면 휴일 너무 뜻없이 썼네.

3. 자기 삶에 주인정신을 가지자
-지금의 일에 최선을 다하는 것이 가장 좋은 훈련임

4. 열어가는 삶을 살자
-내가 상대를 존경해 줄 때 그 사람도 나를 존경
-재미있고, 보람 있고, 유익하고, 신바람 나게 휘파람을 불면서 일하자

5. 행복하게 살기 위해서 마음을 아름답게
-별로 마음이 즐겁지 않았지만 노래를 부르다보면 즐거워짐
-낙천적이고 너그러운 사람이 행복
"나에게도 잘못이 있잖아"상대방에게 문제를 찾으면 밤잠을 한잠도 못 잠
○ 주는 것 없이 미운 사람 → 버릇없고 예절 없는 사람
○ 복이 있는 입이 되자-긍정적인 말, 칭찬하는 말, 인정하는 말
○ 운명이 바뀐다.
-사고가 바뀌면 　　　행동이 바뀌고
-행동이 바뀌면 　　　습관이 바뀌고
-습관이 바뀌면 　　　인격이 바뀌고
-인격이 바뀌면 　　　운명이 바뀐다

05

숲해설가와 도시농업전문가로 태어나다

퇴직 후 제가 할 수 있는 것을 생각해 보니 이제까지 터득한 자연 생태에 관련된 지식과 경험을 다른 사람들과 공유하는 것이 멋진 이모작 인생이라는 생각이 들었습니다.

그래서 산림청으로부터 산림교육기관으로 지정을 받은 불교환경연대에서 숲해설가 과정 10개월을 공부하고 숲해설 자격증을 받을 수 있었습니다.

그리고 서울시 도시농업기술센터에서 도시농업전문가 교육을 이수하고 뜻이 맞은 동료들과 한국도시농업전문가협동조합을 설립하여 현재는 제가 이사로 있습니다. 서울시 퇴직공무원으로 숲해설가와 도시농업전문가 그룹이 서울시의 자연에 관한 교육에 참여할 수 있도록 교량 역할을 하고 있습니다. 이 모든 일들이 보람도 있고 그것이 저의 작은 행복입니다. 이제까지의 경험을 누군가와 공유하는 일, 자연과 숲의 중요성을 알리는 일은 뿌듯하고 가슴 설레는 일입니다. ✎

박사학위 수여식

지금도 배우는 곳이면 어디든 찾아간다
소유물에 투자하지 말고 내가 영원히 가지고 갈 곳에 투자하자

행복에 대하여

요즘은 행복에 대해 점점 흐려지는 땅에 서 있는 것 같습니다.

"행복하신가요?" 물어본다면 멍한 얼굴이 돌아오기 일쑤일 것입니다.

그만큼 사회가 피로하고 자신을 돌볼 여유를 주지 않는 것 같습니다.

하지만 우리가 잊고 있는 것이

우리는 행복하기 위해 태어났다는 것입니다.

돈도 명예도 건강도 그 무엇도

행복 위에 설 수 있는 가치는 아닐 것입니다.

모두들 행복 다음에 오는 가치입니다.

곰곰이 생각해보면 나는 행복한지에 대해

명확한 답변을 내릴 수는 없어도

나는 행복하기 위해 존재한다는 것에 대해서는

의심의 여지가 없을 것입니다.

행복의 비밀 한 가지

행복해하는 시간을 많이 가지십시오.

얼굴에 웃음을 자주 띠십시오.

팔을 높게 올리고 손뼉을 힘껏 치십시오.

힘차게 걷고 몸을 자주 흔드십시오.

누구에게나 친절하고 자연과 자주 접촉하십시오.

사랑하는 사람들을 자주 떠올리고,

사랑할 사람들을 찾아보십시오.

좋은 한마디, 힘이 되는 글 하나

깊이 간직하십시오.

좋은 공기 속에서 살거나,

좋은 물을 계속 마시면

몸이 회복되고 건강해지듯이

좋은 생각, 행복한 느낌을 자주 접하다 보면

어느새 행복하게 살고 있는 자신을

발견하게 될 것입니다.

아리스토텔레스가 말했습니다.

"자기를 행복하다고 생각하는 사람이 가장 행복한 사람이다."

긍정의 힘

긍정만큼 값이 안 들고 효과 좋은 '최면'은 없는 것 같습니다.

그리고 체념이 아닌 수긍으로 긍정의 힘은

타인들이 보았을 때 자신의 인간 됨됨이를 결정짓는 중요한 요소인 것 같습니다.

그리고 그것은 말 그대로 긍정의 힘으로서 긍정적 작용을 할 것임은 분명합니다.

따라 해 보세요.

"괜찮다."

"앞으로 잘하면 된다."

"그럴 수도 있다."

"오늘 같이 좋은 날."

"하면 된다."

"할 수 있다."

"이 정도쯤이야."

Your Best Life Now

1. 비전을 키우라.

   마음에 품지 않은 복은 절대 현실로 나타나지 않는다. 마음으로 믿지 않으면 좋은 일은 결코 일어나지 않는다.

   -기대 수준을 높여라.

   -과거의 장벽을 깨라. 마음속의 견고한 잔을 부수라. 이제 새로운 비전을 품고 새로운 단계로 나아갈 때다.

2. 건강한 자아상을 키우라.

   -자신의 가치를 제대로 알라.

   -믿음대로 될지어다. 우리 인생에 기적을 일으키는 원동력은 남의 믿음이 아닌 자신의 믿음이다.

   -성공하는 마음 자세를 가지라 '비참한 어제의 자리'를 박차고 일어나라.

   -있는 그대로 자신을 사랑하라.

3. 생각과 말의 힘을 발견하라.

   -올바른 생각을 품으라.

   -마음의 프로그램을 다시 짜라.

   -말을 바꾸면 세상이 바뀐다.

4. 과거의 망령에서 벗어나라.

　-마음의 상처를 훌훌 털어 버리라.

　마음의 실타래를 풀지 않는 한 행복은 오지 않는다. 세상이 불공평하다며 고개를 떨구고 있는 사람은 태양을 볼 수 없다.

　-원망이 뿌리내리지 않게 하라.

　원망이라는 마음의 벽은 사람들이 들어오지 못하도록 막을 뿐 아니라 우리까지도 밖에 나가지 못하도록 막는 몹쓸 장애물이다.

　-실망감을 물리치라.

　믿음은 먼 기억 속에 있는 것도, 먼 미래에 있는 것도 아니다. 언제나 현재형인 믿음은 바로, 지금, 이 순간이다.

5. 역경을 통해 강점을 찾으라.

　-먼저 마음으로 일어서라. 마음만 먹으면 행복해질 수 있고 결심만 하면 강하게 일어설 수 있다.

6. 베푸는 삶을 살라.

　-연민의 마음을 열라 언제나 마음의 소리에 귀를 기울이고 있으라.

　-씨앗을 뿌리는 것이 우선이다. 씨앗이야말로 어려움을 극복할 수 있는 열쇠이기 때문이다.

7. 행복하기를 선택하라.

　-행복은 감정이 아닌 선택이다.

　-뛰어난 사람, 진실한 사람

　-이 세상 누구보다 행복하라.

최고의 인생을 살고 싶다면 열정과 소망을 버리지 말라.

어떤 상황에서도 기쁨과 행복을 **빼앗기지** 말라.

눈과 가슴과 얼굴에 열정을 가득 품고 살라.

상상도 할 수 없는 놀라운 일이 벌어질 것이다.

- 조엘 오스틴 -

06
공원녹지가 곧 공공복지이다

복지라는 키워드가 사회전반의 이슈로 부각되고 있는 요즘입니다. 이것은 곧 우리사회 그리고 우리가 나아가야 할 방향입니다. 특히 소득수준이 향상됨에 따라 자연환경에 대한 관심이 높아지고 웰빙에서 힐링으로 변화하는 추세도 감지할 수 있습니다.

「공원녹지」 이것이 우리의 몸과 마음의 치유제가 될 수 있다고 생각합니다. 힐링은 거대한 것이 아닙니다. 우리의 몸과 마음이 휴식을 취할 수 있는 곳. 그리고 그러한 곳이 우리 삶 가까이에 위치한다는

것. 그것만으로도 현대사회에서 지친 우리에게 청량제 역할을 충분히 하고 있습니다.

최근 들어 지방자치 실시 이후 지역의 특수성을 고려한 정책이 다양하게 실현되고 있습니다.

이때 지나칠 수 없는 것이 바로 '공원녹지'입니다. 공원녹지는 여가활동 장소로뿐만 아니라 환경복지, 사회교육과 일자리 창출, 탄소 저감 등에도 기여하고 있으며 교육과 복지를 아우르는 문화적 인프라라 말해도 과언이 아닙니다.

요즘은 유아에서 노년까지 생애 주기별 녹색복지 권리를 가지는 시대가 도래했다고들 합니다. 그렇다면 시민의 권리로서 보편적 복

지에 소외지역이 있어서는 안 됩니다. 즉 복지에의 균형 공급이 필요할 것입니다. 즉 이용의 효율성을 증진시키는 수요자 중심의 정책 전환이 공원녹지에도 꼭 필요합니다.

공원녹지가 그 지역의 역사·문화·지역성을 담아내 쾌적한 도시환경을 만드는 데 가장 대표적인 것임을 인지해야 합니다. 잘 먹고 잘사는 웰빙에서 몸과 마음을 치유하는 힐링으로 가는 시대의 흐름으로 볼 때 향후 공원녹지정책은 주민들 삶의 질 향상에 크게 기여할 것이라 생각됩니다.

성공인생의 주인공이 되려면….

성공을 누구나 꿈꿉니다. 하지만 성공을 누구나 쟁취할 순 없습니다. 주위를 둘러보세요. 성공한 사람이 많습니까? 실패한 사람이 많습니까? 그 기준이 어떠한 것이든 자신 인생의 성공을 거머쥔 사람을 늘 곁에 두고 자신의 성공을 갈고 닦는 삶의 지혜로운 자세가 필요합니다. 병도 전염되지만 사람의 진실 된 기운도 전염되기 마련이니까요. 주위를 둘러보고 성공한 사람의 습관을 주의 깊게 살펴보면서 자기 자신도 언젠가 그런 관찰의 대상이 되기를 빌어보는 하루를 가져보는 건 어떨까요?

1. 지금 힘이 없는 사람이라고 우습게 보지 마라.
   나중에 큰 코 다칠 수 있다.

2. 평소에 잘해라. 평소에 쌓아둔 공덕은 위기 때 빛을 발한다.

3. 네 밥값은 네가 내고 남의 밥값도 네가 내라.
   기본적으로 자기 밥값은 자기가 내는 것이다.
   남이 내주는 것을 당연하게 생각하지 마라.

4. 고마우면 고맙다고, 미안하면 미안하다고 큰 소리로 말해라.

　입은 말하라고 있는 것이다.

　마음으로 고맙다고 생각하는 것은 인사가 아니다.

　남이 네 마음속까지 읽을 만큼 한가하지 않다.

5. 남을 도와줄 때는 화끈하게 도와줘라.

　처음에 도와주다가 나중에 흐지부지하거나 조건을 달지 마라.

　괜히 품만 팔고 욕먹는다.

6. 남의 험담을 하지 마라. 그럴 시간 있으면 팔굽혀펴기나 해라.

7. 회사 바깥 사람들도 많이 사귀어라.

　자기 회사 사람들하고만 놀면 우물 안 개구리가 된다.

　그리고 회사가 너를 버리면 너는 고아가 된다.

8. 불필요한 논쟁을 하지 마라. 회사는 학교가 아니다.

9. 회사 돈이라고 함부로 쓰지 마라. 사실은 모두가 다 보고 있다.

　네가 잘나갈 때는 그냥 두지만 결정적인 순간에는 그 이유로 잘린다.

10. 남의 기획을 비판하지 마라. 네가 쓴 기획서를 떠올려 봐라.

11. 가능한 한 옷을 잘 입어라. 외모는 생각보다 훨씬 중요하다.
할인점 가서 열 벌 살 돈으로 좋은 옷 한 벌 사 입어라.

12. 조의금은 많이 내라. 부모를 잃은 사람은 이 세상에서 가장 가엾은
사람이다.
사람이 슬프면 조그만 일에도 예민해진다. 2, 3만 원 아끼지 마라.
나중에 다 돌아온다.

13. 수입의 1퍼센트 이상은 기부해라. 마음이 넉넉해지고 얼굴이 핀다.

14. 수위 아저씨, 청소부 아줌마에게 잘해라. 정보의 발신지이자 소문
의 근원이다.

15. 옛 친구들을 챙겨라. 새로운 네트워크를 만드느라 지금 가지고 있
는 최고의 재산을 소홀히 하지 마라.
정말 힘들 때 누구에게 가서 울겠느냐?

16. 너 자신을 발견해라. 다른 사람들 생각하느라 너를 잃어버리지 마라.
일주일에 한 시간이라도 좋으니 혼자서 조용히 생각하는 시간을 가
져라.

17. 지금 이 순간을 즐겨라. 지금 네가 살고 있는 이 순간은 나중에 네
인생의 가장 좋은 추억이다.
나중에 후회하지 않으려면 마음껏 즐겨라.

18. 아내(남편)를 사랑해라. 너를 참고 견디니 얼마나 좋은 사람이냐?

07

소나무 이야기

소나무 이름의 유래는 솔은 '수리 → 술 → 솔'로 변하면서 나무 중에 으뜸이라는 뜻이며 소나무 송松 자는 진시황제가 내린 벼슬로 나무木에 벼슬公로 귀한 대접을 받아왔습니다.

그래서 소나무는 우리나라 대표 나무입니다. 요즘은 보기 힘든 광경이 되었지만 아이가 태어나면 대문 앞에 소나무가지와 숯을 달곤 하였습니다. 소나무가 악귀를 쫓는다고 믿었기 때문입니다. 이처럼 소나무는 우리 민족에게 수호신 같은 역할을 톡톡히 해왔습니다. 소나무에서 발산하는 피톤치드는 세균번식을 억제하는 효능이 있습니다. 또한 소나무 잎은 부패를 막는 동시에 향을 더해주며 부드러운 식감을 선사하는 것으로 알려져 있습니다. 그래서 송편을 찔 때도 소나무 잎을 넣어서 찝니다. 돼지고기를 삶아먹을 때도 솔잎을 넣으면 돼지고기 냄새가 사라지고 자연의 맛을 볼 수 있다고 합니다.

또한 소나무는 수명이 길어 장생長生을 상징합니다. 소나무는 해, 산, 물, 돌, 소나무, 구름, 불로초, 거북, 학, 사슴의 십장생 가운데 유일하게 등장하는 나무이자 장생의 대표적인 식물입니다.

혼례상에 소나무와 대나무 가지를 꽂은 한 쌍의 꽃병을 놓는 것이 전통이었습니다. 이는 신랑신부가 소나무와 대나무처럼 굳은 절개를 지키기를 바라는 동시에 소나무가 지닌 장수와 길상의 상징으로서 행복한 혼인생활을 기원하는 뜻을 담고 있습니다. 이뿐만 아니라 소나무는 잎이 모두 짝으로 되어 있어 음양수陰陽樹라고 부르면서 부부의 금실과 백년해로를 상징하기도 합니다. 소나무는 하나의 잎자루 안에서 두 개의 잎이 나고, 그 안에 '사이눈'이라는 작은 생명체를 지니고 있으며, 잎이 늙어 떨어질 때도 하나인 채로 생을 마감하여 완전한 백년해로의 모습을 보이기 때문입니다.

생태지수 = 행복지수

소나무 참나무와 인연

새벽은 새벽에
눈뜬 자만이 볼 수 있다

당신의 목적, 목표, 이루고자하는 꿈은 무엇입니까?

아름다움을 마음에 심지 않으면

아름다움이 보이지 않는 법이고

미움만 마음에 심으면

미움만 보이는 법입니다.

그렇습니다. 사람은 자신이 보려하는 것만을 보고

자신이 정한 바를 향해서만 달려갑니다.

새벽이 왔다 한들 새벽을 바라보지 않으면

무슨 소용이 있겠습니까?

새벽이 왔다 한들 새벽의 미명과

하루의 시작을 알지 못한다면 무슨 소용이 있겠습니까?

자신의 마음이 향하는 바를 돌아볼 때입니다.

새벽은 새벽에 눈뜬 자만이 볼 수 있다는 말이 있습니다.

새벽이 오리라는 것을 알아도 눈을 뜨지 않으면

여전히 깊은 밤중일 뿐입니다.

가고 오는 것의 이치를 알아도 작은 것에

연연해하는 마음을 버리지 못하면

여전히 미망 속을 헤맬 수밖에 없습니다.

젊은 사람들은 자신의 몸을 아낌없이 활용할 준비를 해야 됩니다.

우리는 끝없는 사랑과 창조라는 우주의 섭리에 의해

이 세상에 태어났습니다.

그 탄생을 위해 공기, 풀, 나무, 햇빛, 바람 등

수많은 생명이 동참했습니다.

또 앞으로도 수많은 생명이 우리의 성장을 위해 동참할 것입니다.

우리 또한 그렇게 사랑하고 창조하다 가야 합니다.

인생을 살면서 자기의 모든 것을 헌신할 만한 삶의 목적이나 대상을 발견한 사람은 아름답습니다. 그러나 그 대상을 찾지 못했거나 잃어버린 사람은 늘 외롭습니다.

인간의 깊은 내면에 있는 그 근본적인 외로움은 이 세상 무엇을 갖고도 해결할 수가 없습니다. 그 목적을 찾아야만 비로소 해결되는 것입니다.

힘은 결정했을 때만 작동하기 시작합니다.

판단이 되기 전의 중간 상태에서는 천하에 제아무리 힘이 센 소라도 한 걸음도 떼어놓지 못합니다. 판단을 했을 때 왼쪽으로 갈 것인가 오른쪽으로 갈 것인가 전진할 것인가 후퇴할 것인가가 결정되고 그때서야 비로소 힘이 써지는 것입니다.

　인생에서 가장 중요한 결정은 바로 삶의 목적을 어디에다 둘 것이냐를 정하는 것입니다.

　　　　　　김수덕 『새벽은 새벽에 눈뜬 자만이 볼 수 있다』 중에서

08

신토불이(身土不二) 도시농업

과거에는 도시에서의 '농업'이란 도시화가 진행되는 과정에서 잔존해 남아있는 재배 형태라는 인식이 지배적이었다면 현재에 들어서는 '도시농업'이라는 하나의 활동으로 자리 잡게 되었습니다. 우리나라 도시 농업이 시민들의 인식 범주 안에 들기 시작한 것은 1990년대부터 수도권 지역을 중심으로 퍼져나가기 시작한 주말농장 형태라 할 수 있습니다.

최근 세계적 관심사인 로컬푸드local food는 우리가 매일 먹고 있는 식재료가 산지에서 식탁에 오르기까지 수송거리 즉, 푸드마일리지food mileage를 줄이자는 운동이 확산되어 도시농업이 먹거리의 안전성을 확보하고 나아가 수송에너지절감으로 온실가스 배출량을 줄이는 큰 의미를 가진다고 볼 수 있습니다.

해외의 도시농업 사례를 살펴보면 영국은 런던 교외확장이 심화되는 과정에서 도시로 밀려난 빈곤층의 식량생산의 일환으로 얼로트먼트를 개설하였으며, 미국은 커뮤니티가든으로 출발하였고 일본은 도시 내 유휴농지 활용 및 도농교류 촉진의 일환으로 시작되었습니다.

2011년 성북구에서는 친환경 도시농업을 활성화하여 구민들에게 건강하고 안전한 먹거리를 제공하고 지역 공동체를 회복하여 지속 가능한 생태도시를 조성하기 위하여 조례를 제정하게 되었습니다.

도심자투리 텃밭과 골목길, 상자텃밭을 가꾸며 이웃 간 소통하며 정도 나누고 식물을 가꾸는 즐거움, 이것이 곧 힐링이며 공공복지 행정이라고 생각합니다.

식물을 가꾸는 마음의 준비
- 원칙과 기본에 충실하라.
- 보고 가꾸는 즐거움을 느끼자.
- 식물의 특성을 먼저 이해하라. 온도적응성, 종자의 특성, 심는 시기 등
- 모든 식물은 시기와 때가 있다.
- 완벽한 병과 해충 방제는 없다. 적당한 선에서 공존
- 내일 할 일을 미리 구상하고 준비하라.
- 서두르지 말고 기다려라. 기다림의 미학

도시농업의 5대 매력
- 몸과 마음의 건강
- 뿌듯한 자부심
- 가꾸는 재미
- 나누는 행복
- 먹는 즐거움

사랑할수록

사랑의 힘은 매우 큽니다.

사랑이 주는 선물은 무궁무진합니다.

무엇보다도 사람을 아름답게 만들어 줍니다.

말이 아름답고, 생각이 아름답고, 얼굴이 아름다워집니다.

사랑하면 할수록 더 아름다워져서,

마침내는 사람이 꽃보다 아름다워집니다.

사랑할수록 우리는 더욱 사랑스러운 사람이 됩니다.

사랑은 친절을 낳고, 존경을 끌어내며,

긍정적인 태도를 갖게 만들고,

희망과 자신감을 불어넣을 뿐 아니라

기쁨, 평화, 아름다움, 조화를 가져다줍니다.

스태니슬라우스 케네디의 『하느님의 우물』 중에서

성공의 15개 원리

왜 성공한 사람보다는 실패한 사람이 더 많을까요. 이유는 간단합니다.

원리를 알지 못하거나, 알았더라도

그것을 실천에 옮기지 않은 사람들입니다.

성공이란 성실한 행동가의 열매입니다.

걷는 자만이 앞으로 갈 수 있고,

성실만이 보람의 열매를 맺을 수 있습니다.

성공을 하기 위해서는 다음의 15원리를 꼭 실천해야 합니다.

1. 적극적 사고방식을 가질 것 - 하면 된다는 사고방식

2. 분명한 행동목표를 세울 것

3. 120%를 달성한다는 자세로 일할 것

4. 정확한 판단력을 가질 것

5. 뛰어난 정신력을 가질 것

6. 철저한 자기 수련을 할 것

7. 남을 즐겁게 하는 성격을 가질 것

8. 솔선수범하는 생활을 할 것

9. 모든 일에 열성을 가질 것

10. 하는 일에 집중할 것

11. 실패로부터 교훈을 배울 것

12. 창의력을 가질 것

13. 시간과 돈을 낭비하지 말 것

14. 정신적, 신체적 건강을 유지할 것

15. 자연에 순응하는 생활습관을 가질 것

그렇습니다. 적극적 사고방식과 분명한 목표는 모든 성공의 출발점입니다.

'하면 된다.'는 신념이 없이는 아무 일도 할 수 없습니다.

15개의 성공원리를 항상 머릿속에 담고 다니세요.

그리고 매일 아침 그것을 되풀이하여 외우세요.

이러한 연습을 한 달만 계속하면 당신은 완전히 새로운 사람이 될 것입니다.

당신의 마음이 변할 것이요.

당신의 마음이 변하면 당신의 행동이 변화할 것입니다.

당신의 행동이 변화하면 당신의 세상이 달라질 것입니다.

09

기회는 준비된 자의 것

기회의 종류에는

우리가 스스로 만드는 기회와

저절로 찾아오는 기회가 있다고 합니다.

서양의 격언에는

기회의 신은 앞에는 털이 있어도 뒷머리에는 털이 없어 앞에 왔을 때 잡아야지 돌아선 다음에는 붙잡으려 해도 잡을 수가 없다고 합니다.

저는 9급 공무원으로서 처음에는 경북 영덕군에서 2년을 근무하고 고향 예천과 가까운 영주군에서 2년, 그다음은 대구와 가까운 경산군, 그다음 대구광역시 마지막은 서울시에서 정년퇴임을 했습니다. 제가 남다른 인맥이 있고 후광이 있어 여기까지 올 수 있었던 것은 아니었습니다. 저는 우선 상사를 잘 모시고 상사로부터 배울 수 있는 점을 배우고 늘 낮은 자세로 살아왔습니다. 그리고 공직자로서 일에 대한 긍정적이고 적극적인 자세, 또한 인연이 되어 저와 같이 근무했던 분들과의 인간관계가 지금의 저를 만든 게 아닌가 생각합니다. 어쩌면 제가 정년퇴직 후 박사학위를 받고 대학에서 강의를 해보겠다는 의지를 가지고 그것을 실현시킨 가장 큰 힘은 이러한 자세에서 나온 것이 아닌가 하는 생각이 듭니다.

만남은 하늘에 속한 사항, 인연관계은 땅에 속한 사항이라고 합니다.

만남은 하늘이 맺어주지만, 만남이 이루어진 후 인연관계을 맺는 것은 사람이 하는 것이라고 합니다.

좋은 만남을 좋은 인연으로 이루어가고 좋은 인연을 악연으로 만들지 말아야 합니다.

제가 꼭 말씀드리고 싶은 것은 지금 당장의 환경이 어렵더라도 용기를 가지고 항상 준비를 하고 있으면 기회는 온다는 것입니다. 인디언들이 기우제를 지내면 반드시 비가 온다고 합니다. 그 이유는 비가 올 때까지 기우제를 지내기 때문이라고 합니다. 두드리면 열리게 됩니다. 준비된 사람은 기회를 놓치지 않는 법이니까요. 시대의 흐름에 잘 적응하고 기회를 포착하는 것이 성공이자 행복이 아닐까 생각합니다.

삶이란 선택의 연속입니다.

선택의 전제조건은 다른 것을 포기해야 한다는 것입니다. 선택을 잘하려면 상황을 꿰뚫어보는 힘, 통찰력이 필요합니다. 그러기 위해서는 지식을 연마하여 더 넓은, 더 깊은, 더 다양한 관점에서 세상을 바라보는 힘이 필요합니다.

가훈은 가정을 지켜주는 등대이다

깃발이라는 것이 펄럭임만이 존재의 전부는 아닙니다.

저 깃발을 향해 나아가자는 목표의 확립에도

깃발의 존재 이유를 찾아볼 수 있을 것입니다.

이렇듯 우리는 어떤 목표를 설정하고 그것을

꾸준히 바라보는 것에 게을리하지 말아야 할 것입니다.

그것이 목표를 세우는 것보다 중요한 일일 수 있음을

다시금 일깨워주는

등대와도 같은 멋진 가훈을 소개하고자 합니다.

1. 一切唯心造 (일체유심조): 모든 것은 마음먹기에 달렸다.

2. 大志者不棄望 (대지자불기망): 큰 뜻을 품은 사람은 희망을 버리지 않는다.

3. 無汗不成 (무한불성): 땀과 노력 없이는 성공하기 어렵다.

4. 有志竟成 (유지경성): 하고자 하는 뜻만 있으면 무엇이든지 이룰 수 있다.

5. 每事盡善 (매사진선): 모든 일에 최선을 다해라.

6. 自强不息 (자강불식): 자기 스스로 쉬지 않고 노력해야만이 강해진다.

7. 盡人事待天命 (진인사대천명): 최선을 다하고 하늘의 뜻을 기다린다.

8. 三思一言 (삼사일언): 세 번 생각하고 한 번 말하라.

9. 誠愛敬信 (성애경신): 성실과 사랑과 공경과 믿음으로 생활하라.

10. 孝悌忠信 (효제충신): 효도와 우애와 충성과 믿음으로.

11. 仁者無敵 (인자무적): 어진 사람은 적이 없다.

12. 相生樂生 (상생낙생): 서로 아끼고 사랑하면 즐거운 일이 생긴다.

13. 初志一貫 (초지일관): 처음에 세운 뜻을 끝까지 밀고 가라.

14. 愼思篤行 (신사독행): 신중하게 생각하고 떳떳하게 행동하라.

15. 深思高擧 (심사고거): 생각을 깊게 하고 행동은 대담하게.

16. 修身齊家治國平天下 (수신제가치국평천하): 심신을 닦고 집안을 정제(整齊)한 다음 나라를 다스리고 천하를 평정함.

17. 心淸事達 (심청사달): 마음이 깨끗하고 욕심이 없어야 모든 일이 잘 이루어진다.

18. 德精降祉 (덕정강지): 덕을 쌓고 깨끗한 마음을 가지면 하늘에서 복을 내려준다.

19. 和氣致祥 (화기치상): 화기는 길상을 오게 한다. 웃으면 복이 온다.

20. 寬明弘潤 (관명홍윤): 관대하게 베풀고 밝게 생각하면 넓은 혜택이 돌아오게 마련이다.

21. 春風煦育 (춘풍후육): 봄바람은 만물을 소생시킨다. 봄바람 같은
    사람이 되라.

22. 眞金不鍍 (진금부도): 진짜 금은 도금하지 않아도 된다. 거짓으로
    살지 말아라.

23. 儉而不陋 華而不侈 (검이불루 화이불치): 검소하되 누추하지 말
    고, 화려하되 사치스럽지 말라.

24. 늘 처음처럼.

25. 최고보다는 최선을.

26. 남과 같이 해서는 남 이상 될 수 없다.

10

나의 꿈 행복디자이너

清林靜賢청림정현이란 "산 좋고 물 맑은 조용한 곳에 어찌 현자가 태어나지 않겠는가."라는 뜻입니다.

인간은 자연 속에서 태어나 자연으로 돌아갑니다.

자연은 인간의 가장 기본적인 생활환경입니다. 숲 속에는 생명 유지에 필요한 식량 자원인 산나물, 도토리, 잣, 감 등이 있고 물을 머금고 있으며 풀잎, 나뭇잎으로 옷을 만들어 입고 목재로 집을 지었으니 기본 의식주는 해결되었다고 볼 수 있습니다. 그래서인지 요즘 번잡한 생활을 피해 숲 속에서 느긋한 삶을 살아가는 것이 유행처럼 번지고 있나 봅니다.

가장 행복한 사람은 취미와 직업이 같은 사람이라고 합니다. 또 직업 목표와 인생 목표가 같으면 더욱 행복하다고 합니다. 왜냐하면 목표를 통합적으로 달성할 수 있기 때문이지요. 저는 취미와 직업이 같았고 직업 목표와 인생 목표도 같았습니다.

제 꿈은 생태디자이너입니다. 생태디자이너란 자연환경을 우리의 일상생활에 접목시키는 전문가입니다. 숲길을 걸으며 숲과 자연을 알고 꽃과 식물에 대해 이해하고, 가정에서는 공기정화식물을 기르고 상자 텃밭을 가꾸면서, 보다 많은 사람들이 자연과 호흡하며 건강한 삶을 누릴 수 있도록 해주는 것이 저의 꿈입니다.

그리하여 종국에는 행복디자이너가 되는 것입니다.

북악하늘길 계곡마루쉼터

* 三無: 전파가 없고 소음이 없고 걱정이 없어지는 곳.
* 三靑: 산이 푸르고 하늘이 푸르고 마음이 푸르게 되는 곳.

인생은
즐기기에도 짧다

결국은 행복이고 아름다운 마음이듯이

불안과 걱정은 우리들에게 독이 될 뿐입니다.

지나간 일을 걱정한다고 해서 돌이킬 수 있는 것은 아니며

다가올 일을 불안해한다고 해서 나아질 것도 없습니다.

아무 생각 없이 웃을 수만은 없는 우리네 인생이지만

정말 중요한 행복과 아름다운 마음에 다가가기 위해선

본질적으로 무엇이 필요한지 되돌아볼 필요성은 있겠습니다.

그것은 현재를 살아가는 평온한 마음이며

자신이 결정하는 자신의 밝은 인생입니다.

왜 걱정하십니까?

인생의 날수는 당신이 결정할 수는 없지만

인생의 넓이와 깊이는 당신 마음대로 결정할 수 있습니다

얼굴 모습을 당신이 결정할 수는 없지만

당신 얼굴의 표정은 당신 마음대로 결정할 수가 있습니다

그날의 날씨를 당신이 결정할 수는 없지만

당신 마음의 기상은 당신 마음대로 결정할 수 있습니다

당신 마음대로 결정할 수 있는 일들을 감당하기도 바쁜데

당신은 어찌하여 당신이 결정할 수 없는 일들로 인하여

걱정하며 염려하고 있습니까?

사랑하는 이여!

돌아보면 인생은 짧고

하루는 당신의 마음의 열쇠로 길 수도 짧을 수도 있습니다

짧지만 결코 짧지 않은 하루를 정성껏 가꾸어 나가시길.

좋은 글 중에서

간직하고 싶은
명언들

무언가에 집중해야 할 때, 그러나 자꾸 흔들리는 나를 볼 때, 앞이 보이지 않을 때, 나보다 먼저 이 길을 달려간 사람의 그림자라도 보고 싶을 때, 나침반이 필요할 때, 내가 해야 할 일을 모르고 하고자 하는 일을 모르고 미래가 점점 희박해져 갈 때, 작은 용기라도 작은 결심이라도 필요할 때.

◇ 행복하고 싶은 사람은 남을 기쁘게 하는 방법부터 먼저 배워라.

◇ 잠자리에 들기 위해 얼마동안 음악에 귀를 기울이는 것은 어떨까?
  부드러운 선율의 음악이 특히 좋다.
  그런 곡들은 듣는 이로 하여금 리듬을 늦추게 하며 일상의 고달픔과
  피로로 인해 세상에서 추락하는 것을 예방하는 좋은 기회를 제공한다.

◇ 때로는 시대(時代)에 역행하라.
-젖소들이 기계보다는 인간의 손길을 더 좋아하기 때문이다.

◇ 삶이란 태도이다.
-태도는 전염된다.

-당신의 태도는 전염될 가치가 있는가?

◇ 그 자리에 없는 사람의 험담을 하지 말아라.
-그것은 정당하지 못한 짓이다.

◇ 다른 사람들의 일을 알려고 호기심을 부리지 말고, 남을 험담하는
　사람들과 가까이 하지 마라.

◇ 말하기 전에 생각하고 또박또박 발음하라.
-너무 빨리 말하지 말고 차근차근 말하라.

◇ 명성을 높이고자 한다면 훌륭한 자질을 지닌 사람들과 사귀어라.
-나쁜 친구와 어울리려면 차라리 혼자 있는 게 낫다.

◇ 농담이건 진담이건 타인에게 상처 주는 말을 삼가라.
-그것이 진정 비웃음을 당할 만한 일이라도 당신만큼은 절대 비웃지
　말아라.

◇ 성공하는 자는 "할 수 있는 방법"을 찾아내지만 실패하는 자는 "할
　수 없는 이유"를 찾아낸다.

긍정에너지
행복바이러스

01

그럼에도 불구하고 긍정합시다

일본 아오리현에 태풍이 불어닥쳐 아오리현 지역 경제가 무너질 지경에 이르렀다. 태풍으로 인해 대부분 농장에서는 사과 수확 양이 전체의 10%정도에 불과했으니 상황은 너무 절망적이었다. 그런데 아오리현은 기사회생했다. 아니 예전보다 더욱 높은 인지도와 경제력을 회복했다.

이유가 무엇이었을까? 그들은 태풍으로 인해 벌어진 절망적인 상황에 시선을 빼앗기지 않았다. 대신 남아 있는 것들을 긍정적으로 바라본 것이다. 그러자 10% 수확량에 불과한 사과가 성공 요소로 보이기 시작했다.

수확한 사과는 '합격 사과'로 변신했다. 부제로 붙은 합격 사과의 내용은 '태풍에도 절대 떨어지지 않는 사과'가 되었다. 이윤을 맞추기 위해 원래의 가격보다 10배나 비싸게 매겨져 시장에 선보였건만, 합격 사과는 날개 돋힌 듯이 팔렸다. 결국 아오리현의 사과는 일본 일대의 높은 지명도와 이윤을 남기며 긍정의 힘을 보여주었다.

긍정, 어떤 상황에서도 가장 희망적인 생각과 말, 행동을 하도록 마음을 품는다는 사전적 의미를 갖는다. 이 말은 곧 자기 자신의 선택에 의해 충분히 긍정할 수 있다는 것을 말한다.

인도 우화 중에 이런 이야기가 있다. 평소 고양이를 너무 두려워하는 쥐가 있었다. 그 쥐가 가여웠던 신이 쥐를 고양이로 만들어 주었다. 고양이가 된 쥐는 뛸듯이 기뻤으나 이내 고양이를 위협하는 개가 두려웠다. 신은 다시 쥐를 개로 만들어 주었으나, 이젠 호랑이가 무서워졌다. 다시 호랑이로 변하게 된 쥐는 호랑이를 사냥하는 사냥꾼이 두려워졌다. 사냥꾼을 두려워하는 호랑이를 본 신은 이렇게 대답했다.

"너는 다시 쥐가 되어라. 무엇으로 만들어도 쥐의 마음을 갖고 있으니 나도 어쩔 수 없다."

사람들이 꿈을 이루지 못하는 것은 생각을 바꾸지 않으면서 결과를 바꾸고 싶어하기 때문이라는 말이 있다. 자기 스스로 생각을 바꾸어 긍정의 창을 열면 꿈을 이룰 수 있고 결국 인생을 변화시킬 수 있

다는 의미다. 이 쥐가 마음의 창을 열어 좋은 부분을 바라보았다면 충분히 더 나은 인생을 살 수 있었을 것이다.

우리의 뇌는 진짜와 가짜를 구분하지 못한다고 한다. 마이너스 발상을 하면 뇌도 그렇게 작용하여 부정적인 호르몬을 분비하지만, 플러스 발상 즉 긍정적인 생각을 하면 베타 엔돌핀이란 것이 분비되어 사람을 젊고 건강하게 만든다는 것이다.

긍정 바이러스는 한번 침투하면 절대 세력이 약해지지 않으면서 생각을 변화시키고 꿈을 이루게 하여 인생을 찬란하게 이끌어 줄 것이다. 또한 바이러스가 지닌 특징인 폭발적 전염력이 더해져 시들어 가는 세상을 밝히리라 생각한다.

긍정적 사고란
어떻게 생각하는 것일까요?

1. 문제없다.

2. 할 수 있다.

3. 자신 있다. 덤벼라. 받아준다.

4. 배짱이다. (배짱 있는 모습을 보여준다.)

5. 적극적으로 추진한다.

6. 웃으면서 받아들인다.

7. 자신 있게 살아간다.

8. 항상 여유 있게 웃으면서 생활한다.

9. 항상 낙천적으로 생각한다.

10. 체면과 자존심을 버린다.

이러한 사고를 가지고 살아간다면……

"용기가 생기고 배짱이 생기고 정신이 통일되고

가슴이 후련해지고 머리가 맑아지고

마음이 탁 트일 것입니다."

성공에 이르는 '언어표현'

1. 저는 하지 않을 것입니다.	0% 성공 100% 실패
2. 할 수 없습니다.	10% 성공
3. 어떻게 하는지 모릅니다.	20% 성공
4. 하고는 싶습니다.	30% 성공
5. 그게 뭡니까?	40% 성공
6. 과연 할 수 있을지 모르겠습니다.	50% 성공
7. 할 수 있을 것입니다.	60% 성공
8. 할 수 있다고 생각합니다.	70% 성공
9. 할 수 있습니다.	80% 성공
10. 하겠습니다.	90% 성공
11. 해내겠습니다.	100% 성공

02

나를 바꾸는 긍정 바이러스

당신은 유일합니다.

세상에서 가장 멋있는 사람을 한 자로 줄이면 -〉 '나'

세상에서 가장 훌륭한 사람을 두 자로 줄이면 -〉 '또 나'

세상에서 가장 멋진 사람을 세 자로 줄이면 -〉'역시 나'

이번엔 네 자로 줄이면 -〉 '그래도 나'

다섯 글자로 줄이면 -〉 '다시 봐도 나'

자, 이번엔 글자 수를 늘여 아홉 자로 만들면 무엇일까 -〉 '요리 보고 조리 봐도 나'

언제 들어도 기분 좋아지고 나를 높이는 유머란 생각에 이 말을 자주 애용하곤 한다.

우리는 너무 자기 자신을 높이지 않는다. 겸손과 자기를 높이는 것은 반대가 아니다. 진정한 겸손은 자신에 대한 존중함이 있어야 나오는 법이다. 슈바이처 박사가 아프리카에서 돌아올 때 사람들의 예상을 깨고 3등 칸 손님으로 내리면서도 '이 기차는 4등 칸이 없어서 3등 칸을 타고 왔습니다.' 이야기했던 것은 자신에 대한 존중감이 있었기에 겸손하면서도 당당할 수 있었을 것이다. 나를 힘내게 하기 위해서는 먼저 자신을 사랑스럽게 비리볼 줄 아는 따뜻한 눈이 필요하다.

맹귀부목의 이야기를 한 대목 들려주어야겠다. 가도 가도 끝이 없는 망망대해에 한쪽 눈이 먼 거북 한 마리가 살고 있었다. 그 거북은 백만 년에 한번 숨을 쉬러 잠깐 바다 표면에 떠올랐다가 다시 바다 속으로 가라앉는다고 한다. 그런데 바다 위로 올라와 숨을 쉬기 위해선 도구가 필요한데, 다행히 망망대해 위에 한 조각의 나무판자가 있고 그 판자엔 조그마한 구멍이 뚫려 있다고 한다. 거북이 그 나뭇조각을 만나야만 숨을 쉴 수 있단다.

이 거북이 백만 년 만에 수면 위로 올라오는 일도 힘든데 그 망망대해 이리저리 휩쓸려 떠도는 구멍 뚫린 나뭇조각을 만나는 일은 얼마나 더 힘이 들까 말이다. 이 맹귀부목의 이야기는 우리가 이 세상에 태어나는 것이 백만 년 만에 바다 위로 올라와 나뭇조각과 만나는 것과 같이 어려운 일이라는 것을 말해준다.

우리네 인생이 그러하다. 어려운 인연의 끈을 쥐어 잡고 나온 만큼 귀하다. 그런데도 우리는 자신에게 냉대하다. 영어에서 나를 'I'라고 표현한다. 약속이라도 한 듯 숫자 1과 비슷한 I와 1과 나. 이것이 지닌 의미의 상통을 깨달았으면 좋겠다. 이 세상에 유일한 존재, 언제나 나는 대문자 'I'로 표현되는 주체적인 존재. 그러한 존재가 바로 나인 것이다.

바로 지금 이 순간, 자신을 사랑할 만한 이유를 찾아내길 바란다. 고민할 필요가 무엇이 있는가. 이미 맹귀부목의 힘들고 고된 인연의 끝을 붙잡고 태어난 유일무이한 존재란 사실만으로도 소중하고 귀하다.

그리고 세상 누구보다 자기 자신에 대해 가장 잘 알고 있으니 얼마나 위대한가. 그리고도 부족하다 싶을 땐 나를 높이는 유머를 계속 써 나가도록 하자.

성공한 리더의 특성

급격한 상황의 변화, 국제적 경쟁의 강화, 신속한 반응의 요구가 증대되는 21세기에는 리더십의 필요성이 더욱 증가되고 있다. 미국의 행정학자 베니스는 "조직에 자본이 부족하면 빌릴 수 있고, 위치가 나쁘면 장소를 옮길 수 있으나 리더십이 부족하면 생존의 가능성은 희박하다."라고 했다. 리더십은 조직의 성공과, 실패 그리고 조직 효과성을 결정하는 가장 중요한 요인인 셈이다.

<성공리더의 특징>

1. 비전(vision)   꿈과 희망을 제시, 희망을 주어야 한다.
2. 열정(passion)   최선을 다한다는 것을 보여준다.
3. 성실성(integrity)   정성스럽고 참된, 성심을 다한다.
4. 신뢰성(trust)   상하 상호 간의 믿음이 있어야 한다.
5. 용기(daring)   도전 정신, 날카로운 판단력이 있어야 한다.

Jack Welch 성공에 감춰진 10가지 비밀

1. 사람에게 투자하라

2. 시장을 지배하지 못하면 차라리 물러나라

3. 현실에 안주하지 마라

4. 서비스를 지향하라

5. 과거는 버리고 미래를 준비하라

6. 학습하는 리더가 되어라

7. 독불장군은 곤란하다

8. 관련주의를 타파하라

9. 인내심을 가져라

10. 구멍가게를 경영하듯 하라

03
인생에 중요한 세 가지

한국 사람들은 삼세번을 참 좋아한다. 가위바위보를 해도 삼세번으로 승부를 가리기도 하고, 게임을 해도, 뭘 먹어도 삼세번을 강조한다. 3이란 숫자가 지닌 완벽성도 있지만 한국인들이 세 번을 중시하는 것은 단 한번으로 결정을 내리기보다 기회를 조금 더 줌으로써 만회할 여유를 주는 긍정적 이유도 있을 것이다.

그런 의미에서 인생에 있어 중요한 세 가지에 대한 이야기를 해 보고자 한다. 인생을 살면서 다스려야 할 세 가지가 있다고 한다. 그것은 혀, 행위, 성질이다. 부연 설명하는 것이 무색할 정도로 말을 조심하고, 행동을 조심하며 성질을 조심해야 하는 것은 너무 중요한 일일 것이다. 하여 이 세 가지는 늘 함께 행동한다.

세 치 혀의 권력은 대단하다. 논리학자였던 피에르 아벨라르는 논쟁에서 누구에게도 진 적 없고 공개논쟁에서조차 스승을 굴복시킬 정도로 실력의 소유자였다. 그의 혀는 대가와 석학들을 상대로 무참히 논쟁과 토론을 벌여 굴복시키고야 말았다. 어딜 가나 주위 사람들의 위선을 폭로하는 데 열심이었던 그였기에 사람들은 그를 경외하면서도 돌아서면 그의 불운을 기원할 정도로 미워했다.

말년에 고향의 수도원 원장으로 부임했지만 그곳에서도 세 치 혀는 끊임없이 비판을 쏟아냈다. 하여 독살당할 뻔하기도 했다. 훗날 사람들은 그를 천재라 기억하면서도 남에게 깊은 아픔과 상처를 주는 천재라고 회고했다. 그의 불행한 삶의 원인은 무엇이었을까. 결국 혀와 성품 결국 행동까지 다스리지 못했기 때문이다.

인생에서 다스려야 할 세 가지를 반드시 기억하길 바란다. 이 세 가지는 늘 조심해야 하지만 여기에 긍정의 요소를 불어넣으면 의외의 결과가 나타난다.

세치 혀의 부정적인 이미지에 긍정을 불어넣는 것이다. 아벨라르가 입을 열 때마다 부정적인 말을 쏟아부었던 것과는 달리 긍정의 말을 담는다.

가령 긍정 말하기는 다음과 같다.

"나는 안 돼" =〉"나는 돼"

"나는 할 수 없어" =〉"나는 할 수 있어"

"저 사람 맘에 안 들어" =〉"저 사람 맘에 들어"

"나 같은 게..." =〉"나나 되니까..."

절대 어려운 일이 아니다. 옛말에 말이 씨가 된다는 말이 있듯 긍정의 말이 씨가 되어 행동을 변화시키고 결국 성품을 나아가서는 인생을 변화시킬 수 있다.

어떤 사람이 못생긴 얼굴이 늘 콤플렉스였다. 남들처럼 조각 외모는 갖지 못할망정 주먹코에 빨개지는 얼굴빛 때문에 대인 관계에 있어서도 소극적이었던 그는 열등감으로 똘똘 뭉쳐 있었다. 그런데 어느 날, 거울을 보던 그에게 의문이 들었다. 철들고 나서 처음으로 거울을 찬찬히 들여다보는데 나름대로 괜찮은 자신의 모습을 발견한

216 | 숲에서 긍정을 배우다

것이다. 주먹코지만 그리 크지 않아 복스러워보였고 얼굴빛은 발그레 생기 있어 보였다.

그의 마음에 변화가 일었다. 그날부터 거울을 볼 때마다 외쳤다.

"나는 자알~ 생겼다!!"

처음엔 부끄럽고 창피스러웠지만 입 밖으로 말을 내뱉고 나니 더욱 외모에 자신감이 붙은 것이다. 이제 그는 학생들 앞에 강의를 하면서 자신의 훈남 외모를 자랑하기까지? 한다. 긍정의 말이 씨가 된 것이다. 말이 변하자 그의 행동은 자신 있고 당당하게 바뀌었으며 성품도 넉넉하게 변화된 것은 말할 것도 없다.

우리는 각자 자신의 인생을 디자인해 나가는 디자이너다. 디자이너로서 다스려야 할 세 가지를 염두 해 두되 언제나 긍정의 요소를 더해야 한다. 그렇게 된다면 다스리는 일이 조심스러운 것이 아닌 신나는 일이 될 것이다. 🖋

세상을 바꾸는 작은 관심

세상에서 가장 중요한 여섯 단어는

"내가 정말 잘못했다는 사실을 나는 인정합니다."라고 합니다.

세상에서 가장 중요한 다섯 단어는

"당신은 정말 훌륭한 일을 했습니다."라고 합니다.

세상에서 가장 중요한 네 단어는

"당신은 이걸 어떻게 생각하나요?"라고 합니다.

세상에서 가장 중요한 세 단어는

"당신에게 이것을 부탁드립니다."라고 합니다.

세상에서 가장 중요한 두 단어는

"정말 고맙습니다."라고 합니다.

세상에서 가장 중요한 단어는

"우리"라고 합니다.

세상에서 가장 중요하지 않은 한 단어는

"나"라고 합니다.

'나는 어떤 사람인가' 질문

1. 당신은	낙관적인 사람인가	비관적인 사람인가
2. 당신은	개방적인 사람인가	폐쇄적인 사람인가
3. 당신은	현재에 충실한가	과거에 집착하는가
4. 당신은	미래를 준비하는가	그저 미래를 기다리고 있는가
5. 당신은	타인을 인정하며 다양성을 존중하는가	편협함에 사로잡혀 독단적이고 독선적인가
6. 당신은	넘쳐나는 지적호기심을 가지고 있는가	단지 질문하기 위해서인가

04

당신은 잡초가 아닙니다

좋아하는 정호승 시인의 책을 샀다. 그의 글은 동화적이면서도 심금을 울리는 스토리가 있어 즐겨 읽곤 하는데 그중에서도 가슴을 치는 시가 있어 소개하고자 한다.

꽃과 잡초는
구분되는 것이 아니다.
잡초란 인간이 붙인
지극히 이기적인 이름일 뿐이다.
인간의 잣대로 해충과 익충을 구분하는 것처럼
그러나 인간이 뭐라고 하든
제비꽃은 장미꽃을 부러워하지 않는다.
이 세상에 예쁘지 않은 꽃은 없다.

-정호승 〈이 시를 가슴에 품는다〉중에서

한번은 밭을 가꾸다가 곳곳에 자라난 풀들을 솎아 내느라 땀을 흘렸다. 원래는 여기저기 피어난 민들레꽃도 보고 심어놓은 명아주도

보려는데 달갑지 않은 손님들이 보였다. 여기저기 가리지 않고 자란 망초였다. 예부터 망초는 마구 자라며 밭을 망치는 망할 놈의 잡초라는 의미로 망초라 불렸다고 한다. 조금 더 거슬러 올라가자면 일제시대 온 천하에 이 망초들이 그렇게 많이 자라나 망할 亡을 붙여 개망초라고도 했단다.

어쨌든 그 망초가 여기저기 돋아난 것을 물끄러미 바라보는데 그 모습이 과히 나쁘지 않았다. 또 한 가지 생각은 왜 이 아이들은 망할 놈의 잡초라는 이름을 갖게 되었으며, 그 이름을 갖게 된 후 얼마나 모진 편견 속에 살아야 했을까였다.

하여 망초에 대해 조금 알아보니 망초가 여러모로 쓸모가 있었다. 약효적으로는 장의 연동 운동을 원활하게 하며 배변 활동을 돕는 기능이 있다. 게다가 아기자기하게 삐쭉 내민 꽃은 얼마나 귀여운가.

망초를 보며 생각했다. 모두가 꽃이었다면 망초도 한껏 사랑받고 존재했을 것이다. 우리는 아무 것도 모른 채 잣대를 들이민다. 우리는 꽃과 잡초를 구분 지을 권리가 없다. 다만, 자기 스스로 잡초가 아니란 사실을 굳게 믿고 그대로 살아나가면 된다. 망초가 자기 주변에 핀 화려한 장미꽃을 보고 부러워할 때 망초는 존재감이 사라진다. 장미는 장미대로, 망초는 망초대로 존재의 가치가 있으며 서로는 다른 것이지 틀린 것이 아닐 뿐이다.

이 세상에 예쁘지 않은 꽃은 없다. 스스로 자신이 아름답다는 사실을 잊으면 아름다움도 사라지는 법이다. 또한 자신의 잣대로 아름답지 않다는 판단을 내리면 그 순간 서로가 불행해진다.

우리는 모두 잡초가 아니다. 스스로 그렇게 생각해야 하고 스스로 그렇게 평가해 주어야 한다. 그렇게 될 때 망초는 아름다운 망초로 빛나고 당신은 스스로 빛나는 당신이 될 수 있다.

독일의 문호 괴테가 말하는
인생혁명의 5가지 방법

1. 지난 일에 연연해하지 않는다.
- 집착하지 않는다. 실수는 잊어버린다.

2. 사소한 일에 목숨 걸지 않는다.
- 부자들은 큰 틀에서 생각한다. 못난 사람들이 한강다리 길이 가지고 싸운다.

3. 현실을 직시하고 즐긴다.
- 과거와 미래보다는 현재가 최고다. 또한 현재 만나는 사람이 최고다.

4. 옆 사람과 가까이 잘 지낸다.
- 마음의 문을 연다. 만인에게 존경받는 이유는 편견 없이 사랑하기 때문이다.

5. 미래는 神에게 맡긴다.
- 걱정과 스트레스로 잠 못 들지 말고, 최선을 다하고 결과는 신에게 맡긴다.

자기 브랜딩 프로세스

목표확립과 전략, 전문성	– 목적의식을 가져야 한다. – 자신에 대한 분석과 경쟁을 고려해서 전략을 세운다. – 어느 한 분야에 관한 전문적인 능력을 갖춘다.
나의 존재 알리기	– 겸손이 더 이상 미덕은 아니다. – 유연한 자세로 나의 능력을 인식시킨다. – 불편한 사람들과도 교류한다.
자기 연출	– 자신의 특성에 맞는 트레이드마크를 만든다. – 새로운 이미지가 필요하면 과감하게 변신한다. – 자신의 재주를 활용해 신선한 호감을 얻는다. – 숨기고 싶은 부끄러운 일이 있다면 　차라리 적절한 때 털어놓는 솔직함을 보인다.

05

나를 감탄하라

평소에 좋아하는 심리학자 김정운 교수가 TV에 출연했다. 그날의 주제는 우리가 왜 사는지에 관한 철학적 이야기였는데 그가 내건 이유는 '감탄'하기 위해서였다. 그의 이야기를 잠시 빌려오자.

인간이 위대한 이유는 미숙아로 태어나 인간이 되기 때문이다. 포유류 중에서 유일하게 미숙아로 태어나는 인간이 왜 만물을 지배할 수 있었을까. 점점 성숙해가며 완전한 인간으로 거듭나는 진화를 계속 이어가기 때문이다. 어떻게 진화를 할까. 바로 감탄하면서다.

돌이켜보면 어린아이가 계속 누워 있다가 어느 날 갑자기 목을 가누기 시작하면 부모는 난리가 난다. '와~ 이것 봐라.' 그러다가 앉고 기기라도 하면 '와! 우리 애가 드디어 앉았어.'라며 몇 번씩 감탄한다. 아이는 점점 그 감탄을 보고 자란다. 그러다 아이가 두 발로 걷고 어느 날 웅얼거리며 '엄마' 비슷한 말만 하면 온 집안은 자지러진다.

'이야! 우리 애가 천잰가 봐. 어쩜 저렇게 말을 잘하지?'

아이들은 이처럼 감탄을 먹고 자란다. 그렇게 점점 완전한 인간으로 성숙해 가는 것이다. 그는 이렇게 덧붙였다. 우리가 왜 사느냐, 그것은 감탄하고 감탄받기 위해 사는 것이라고.

　그의 이야기를 들으면서 무릎을 쳤다. 사실 이 땅에 문화 예술이 존재하는 이유가 무엇인가. 예술가들이 자신의 예술혼을 불살라 작품으로 자신의 철학을 작품으로 승화하지만 결국 그것을 보는 이들로 하여금 감탄하게 만들려는 것 아닌가. 그만큼 인간은 감탄의 욕구를 가지고 있으며 그것이 채워져야 잘 살아갈 수 있다.

　대자연의 장엄한 풍광을 맞닥뜨렸을 때 "우와~" 저절로 감탄을 쏟아내면 감탄 뒤에 오는 희열과 카타르시스는 크다.

　공무원 재직 시절 공로 연수로 미국과 캐나다를 여행할 기회가 생겨 구석구석을 살펴보았다. 처음 가 보는 미국이란 나라는 큰 땅덩어리와 함께 한국에선 상상하지 못할 정도의 웅장한 자연이 선물처럼 다가왔다. 특히 수많은 세계 관광객들의 눈길을 사로잡았다는 미국과 캐나다 국경 지역 나이아가라 폭포의 장엄한 물줄기와 맞닥뜨렸을 땐 숨이 멎는 듯했다. 한 200미터 떨어진 곳에서부터 들려오던 물소리는 폭포에 다가갈수록 알 수 없는 흥분을 제공했고, 저 멀리 하얀 포말과 함께 거침없이 쏟아지던 시원한 물줄기는 시공을 멈추게 만들었다.

"…우…와…아니… 이…런"

제대로 말도 나오지 않았던 것 같다. 어쨌든 나이아가라 폭포뿐 아니라 대자연의 풍광과 마주하는 몇 번의 기회에 나는 감탄의 극치를 경험했던 것 같다. 알 수 없는 희열과 꿈틀거리는 꿈의 욕망에 행복했던 기억이 난다.

감탄은 마음을 움직인다. 자신이 무엇을 보거나 듣고 만질 때 오는 커다란 희열에 마음이 움직인다는 것, 감탄은 사람을 좋은 방향으로 변화시키기 마련이다. 어린아이가 부모의 감탄을 먹고 자라며 비로소 인간으로 성장하는 것, 평범한 여자가 뭇 남성들의 감탄을 받고 자신 있고 당당하게 변하는 것, 아름다운 자연을 보고 감탄한 뒤 자연에 대한 경외심과 세상에 대한 예의가 생겨나는 것 모두 감탄이 가져오는 긍정적 영향 아닐까.

안타깝게도 자꾸만 나이를 들어가면서 감탄하는 일이 사라진다. 심드렁해진다는 말이 딱 맞을 정도로 자신의 마음을 움직일 일이 별로 없다. 세상에서 벌어진 아주 충격적인 사건을 접하고도 '쯧쯧 저런 일이…' 그저 그렇게 넘기기 일쑤고, 좋은 일이 생겨도 심드렁하다.

'아… 저 사람이 저런 생각을 했구나.'

'우와… 이런 일도 해 놓았네. 참… 대단하다.'

그랬더니 거짓말처럼 나빴던 기억은 금방 사라지고 좋은 감정만 여운을 남긴다.

감탄할 것이 없다고 반론하는 이들에게 말한다. 우린 이미 갓난아이였을 때부터 남들 다 하는 일에 우쭐했고 감탄했으며 그것을 먹고 자란 전적이 있다. 감탄은 대단한 현상을 필요로 하는 것이 아니라 자신이 선택하고 그냥 하면 된다. 아무것도 아닌 일에 감탄하고, 탄성을 자아내던 기억을 되살려 행동으로 옮기면 되는 일이다.

TV에 나오는 가수가 열정을 다해 노래 부르는 모습을 보며 '와!', 축구 경기에서 환상적인 드리블을 보며 '와', 아침에 세수하고 난 뒤 거울에 비친 모습을 보면서 '와!', 끼적거리며 써 놓은 메모 내용을 보고 '와!', 일을 마치고 돌아오면서 조금 피곤에 지쳤지만 해야 할 일을 마쳤다는 뿌듯함을 안고 '와!' 감탄해 보는 거다. 아마 자기 자신에게 감탄할 것은 셀 수 없이 많이 나올 것이다.

바로 그 감탄이 스스로를 긍정적으로 바꾸어 놓는다. 어떻게든 좋은 면을 찾아 마음 깊은 곳에 우러나오는 긍정의 호르몬을 밖으로 배출시키는 행위가 감탄이기 때문이다. 세상의 일에 찌들어 살면서 우린 감탄을 잊고 산다. 이젠 그 잊어버린 감탄을 끌어내야 한다. 좀 실없다는 소릴 들으면 어떤가. 결국 감탄이 자신을 긍정으로 이끌고, 그 긍정이 좋은 에너지로 전파되는 것을. 🖋

멋지게 사는
10가지 비결

1. 힘차게 일어나라.
2. 당당하게 걸어라.
3. 오늘 일은 오늘로 끝내라.
4. 시간을 정해놓고 책을 읽어라.
5. 웃는 훈련을 반복하라.
6. 말하는 법을 배워라.
7. 하루 한 가지씩 좋은 일을 하라.
8. 자신을 해방시켜라.
9. 사랑을 업그레이드시켜라.
10. 매일매일 점검하라.

행복은 종합비타민입니다

세상에는 여러 가지 비타민이 있습니다.

웃음이라는 비타민

칭찬이라는 비타민

격려, 배려, 인내, 용서, 사랑 이라는 비타민

당신은 그것을 얼마나 먹고 계십니까?

진정으로 세상에서 가장 좋은 비타민은
바로 '행복'이라는 종합비타민입니다.

그것을 어디서 어떻게 구하냐고요?
"행복하다 행복하다 행복하다"라고 해보세요.

어느 자리 어느 상황에서든 그럼에도 불구하고,
일단 행복하다고 말해 보세요.

결국은 행복으로 극복되고 돌아오는 것을 느낄 수 있을 겁니다.

행복하다고 말하면 진짜로 행복해진답니다.

06
당신에게 일어나는 기적

코를 꼭 잡고 입을 열지 않은 채
얼마쯤 숨을 쉬지 않을 수 있는지 참아보십시오.
30초를 넘기기가 쉽지 않습니다.
숨을 쉬지 않고 참아보면 그제야 비로소
내가 숨 쉬고 있다는 걸 알게 됩니다.

그런데 여러분은 숨을 쉬려고 노력했습니까?
훗날 병원에 입원해서
산소호흡기를 끼고 숨을 쉴 때야 비로소
숨 쉬는 게 참으로 행복했다는 걸 알게 된다면
이미 행복을 놓친 것입니다.

뛰는 맥박을 손가락 끝으로 느껴보십시오.
심장의 박동으로 온몸 구석구석
실핏줄 끝까지 피가 돌고 있다는 증거입니다.
그런데도 우리는 날마다
무수히 신비롭게 박동하고 있는 심장을

고마워했습니까?

우리는 날마다 기적을 일구고 있습니다.
심장이 멈추지 않고 숨이 끊기지 않는 기적을
매일매일 일으키고 있는 것입니다.

이제부터는 아침에 눈을 뜨면 벌떡 일어나지 말고
20초 정도만 자신의 가슴에 손을 얹고
읊조리듯 말하십시오.

첫째, 오늘도 살아 있게 해주어 고맙습니다.
둘째, 오늘 하루도 즐겁게 웃으며 건강하게 살겠습니다.
셋째, 오늘 하루 남을 기쁘게 하고 세상에 조금이라도 보탬이 되겠습
니다.

당신은 1년 후에 살아 있을 수 있습니까?
1년 후에 우리 모두 살아 있다면
그것이 바로 기적입니다.
그러나 반드시 살아 있어야 합니다.

-김홍신의 『인생사용 설명서』 에서

어느 날 새벽이었다. 어김없이 5 6시쯤 되어 일이났는데 그날따라 가을로 가는 길목이라 그런지 새벽바람이 상쾌했다. 창문을 통해 들어오는 가을바람이 너무 좋아 심호흡을 해 보았다. 천천히 숨을 들이쉬고 내쉬며 새벽의 정기를 받고 있는데 문득 그런 생각이 들었다.

'와~ 내가 이렇게 숨을 쉬고 있구나. 그동안 숨 쉬고 있다는 것을 잊고 있었네.'

그 순간 콧구멍을 통해 산소가 들어가는 것이 그렇게 신기할 수가 없었다. 모든 생명은 호흡에서 시작한다. 생명이 없이는 행복도 평화도 사랑도 존재하지 않듯 생명은 호흡이다. 하루에도 셀 수 없이 많은 들숨과 날숨의 호흡을 하며 1초 1분을 살아가고 있다. 그런데 이 호흡은 의식적인 조절로 되는 것이 아닌 그냥 되는 것이니 얼마나 감사한 일인가. 1년 365일 매순간 숨을 쉬지 않고는 견디지 못하였을 텐데 인생 수십 년을 살고서야 비로소 호흡의 감사함을 깨달았다니 그동안 어지간히 미련했다는 생각이 들었다.

그날 새벽 거의 한 시간동안 심호흡을 하면서 나는 호흡이 주는 감사함을 최대한 느꼈다. 그 축복을 잊지 않기 위해서였다.

김홍신 작가의 『인생사용 설명서』에 '날마다 일어나는 기적'의 내용 중에는 사소한 것, 너무 당연하게 생각했던 것에 대한 감사가 표현되어 있다. 그중에서도 살아있는 것이 기적이란 구절은 가슴을 친다.

살아있는 것을 기적처럼 여기며 살았던 날이 며칠이나 될까? 혹여 불치병을 앓고 있거나 생명이 끊길 위험에 처한 사람들이라면 누구보다 살아있음에 감사할 것이다. 그러나 평범한 이들은 미처 돌아보지 못한다. 오늘은 어제 죽은 이들이 그토록 바라던 내일이었음에도 오늘 하루 살아있음에 감탄하지 못한다.

　사람의 살아있는 동안 심장은 쉴 새 없이 움직인다. 쉼 없이 펌프질을 해서 피를 받아들이고 내보내는 일을 반복하며 쉬지 않는다. 어느 날 아침 문득 가슴에 손을 얹었을 때 쿵쾅거리며 뛰는 심장 박동수에도 감사해야 한다. 심장이 뛰고 있다는 것은 살아 있다는 반증이기 때문이다. 뜨거운 태양을 보고 눈을 찡그리게 될 때도 감사해야 한다. 자신의 눈이 환한 빛을 보기 위해 찡그리며 쉼 없이 일을 하고 있기 때문이다. 결국 돌아보면 나를 둘러싼 우주의 모든 행위가 기적이다. 그것을 스스로 느끼고자 할 때, 스스로 느꼈을 때 비로소 기적의 잔치에 참여하게 된다.

매력적인 사람이
되기 위해선?

1. 명랑하고 유머를 잊지 말자

2. 남의 이야기를 잘 들어라

3. 사람을 가려서 사귀지 말자

   (나는 사람을 좋아하는 휴먼 디자이너 00입니다 - 주변 포용, 친구 수와 수명이

   비례한다)

4. 약속을 생명처럼 지켜라

5. 늘 감사한 마음으로 살아라

   - 욕심, 자존심 버리기

6. 망설이지 말고 행동으로 옮겨라

7. 꿈을 향해 최선을 다한다

8. 말은 골라서 한다(뿌린 대로 거두리라)

   - 한 번 가면 다시 돌아오지 않는 4가지: 입 밖에 나간 말, 흘러간 시간

   과 세월, 가버린 기회, 쏘아버린 화살

9. 남에게 인색하게 굴지 말라

10. 경험의 지평을 넓혀라(좋은 스토리는 경험에서 온다)

11. 외모를 단정하게 하라(儉而不陋, 華而不奢)

신지식인의
10가지 덕목

1. Smart - 영리한, 맵시 있는, 날렵한

2. Soft - 부드러운, 온화한

3. Speed - 신속하게

4. Self - 자발적으로

5. Trust - 믿음이 가게, 신뢰를, 신뢰성

6. Entertain - 즐겁게, 환대, 재미있게

Entertainer - 재미있는 사람

7. Passion - 열정, 정열적으로, 열심히, 열애

8. Manner - 예의 바르게, 예의범절

9. Flexible - 융통성 있게, 유연성 있는

10. Mind - 감정 컨트롤 능력, 주관적인 생각을 가지고 주체로서의

　　　마음, 의욕적으로

07

역경, 삶의 탄력

회복탄력성은 시련을 딛고 다시 튀어 오르는 힘이다. 이 지수가 높은 사람은 원래의 자신의 자리로 돌아올 뿐 아니라 예전보다 더 발전한다. 반면 이 지수가 낮은 사람은 시련이 다가왔을 때 그냥 주저앉는다. 학자들이 말하길 선천적으로 회복탄력성을 지닌 사람은 인구의 3분의 1정도라고 하지만 그들은 훈련을 통해 이 지수를 높일 수 있다고 한다.

역사를 화려하게 장식한 위대한 위인들의 삶을 보면 대부분 위기와 시련을 넘어 위태로운 순간을 경험했다. 누구 한 사람 평탄한 길을 걸어 그 자리에 오르지 않았다. 주변 사람들의 모함을 받아 위기를 경험하기도 하고, 신변의 위협을 받아 죽을 고비를 넘기기도 한다. 뿐만 아니라 스스로 병이 들어, 환경이 받혀주지 않아 온갖 고난을 겪지만 결론적으로 그들은 돌파구를 찾아 예전보다 더 좋은 결과를 이끌어낸다.

한마디로 그들의 회복탄력성이 높다. 물론 선천적인 이유도 있겠지만 그들은 좌절의 순간 주저앉지 않고 끊임없이 생각을 훈련했던 것을 알 수 있다. '잘 될 것이다.' '우리는 승리할 수 있다.' 이러한 긍

정적인 마인드로 뇌를 습관화시킨 결과 절망을 이겨내고 훌륭한 영
웅이 된 것이다.

어느 연구에 따르면 사람을 행복하게 만든 일보다 불행하게 만드
는 일의 양도 많고 강도도 더 센 것처럼 느껴지기 때문에 사람들이
쉽게 좌절한다고 한다. 그러나 하나님은 또 공평하게 그것을 이겨낼
수 있는 잠재적 능력을 주셨다. 회복탄력성이 있다는 말이다. 사람에
따라 강도의 차이는 있을 수 있겠지만 긍정의 힘으로 지수를 높이면
된다.

『회복탄력성』의 저자 김주환 교수는 회복탄력성을 높이기 위해서 뇌의 긍정성을 높이는 훈련이 필요하다고 말한다. 그것은 달리 말하면 긍정성의 습관화 작업이다. 입으로 긍정을 말하고 뇌에 습관적으로 긍정을 심어주는 것이다.

외부적으로 오는 행복이나 불행은 일시적인 것에 불과하다. 갑자기 복권에 당첨되어 행복감을 느꼈거나, 논문 심사에서 떨어져 한 학기를 더 다녀야 하는 불행감은 그 당시 행복지수를 떨어뜨리지만 어느 정도 시간이 지나면 회복이 된다. 여러 연구를 통해서도 나타났듯이 외부적인 사건에 의해 오는 행복과 불행은 일시적이다. 하지만 진정한 행복을 얻으려면 기본적 수준 자체를 올려야 한다. 긍정적인 정서 훈련을 통해 뇌를 긍정적으로 변화시키면 행복의 기본 수준도 끌어올려지고 이 훈련을 통해 회복탄력성을 지닐 수 있게 된다.

절망에 빠져 있다면 뇌의 긍정성을 향상시킬 훈련을 해야 한다. '난 잘 할 수 있다.' '나는 반드시 더 나아질 수 있다.' 이런 긍정적 정서를 심어줌으로써 절망을 뛰어넘을 수 있어야 한다. 긍정학의 대가 마틴 샐리그먼 박사가 제시한 긍정훈련의 하나인 '자신의 고유한 강점 실천하기'도 절망을 긍정으로 바꾸는 방법이 될 수 있다. 절망적인 순간에는 모든 것이 무기력해지고 생각도 무뎌진다. 그러나 그런 때일수록 우리의 뇌는 습관화된 생각에 의해 움직이다.

우리 안에는 절망에서 긍정으로 돌이키는 회복탄력성이 있다. 세계 챔피언 무하마드 알리가 인종차별 발언으로 벨트를 뺏기고 3년 만에 다시 오른 링 위에서 7회까지 프레이저에게 밀리고 있었지만 마지막 8회에서 강펀치로 그를 KO시켜 다시 세계 챔피언에 올랐던 것처럼 누구에게나 회복탄력성을 꿈꿔야 한다. 그가 '나비처럼 날아 벌처럼 쏘겠다.'는 긍정적이고 도전적 생각을 습관화했기에 절망 속에서 회복했듯이, 우리도 절망을 누르고 더 높이 솟아오를 수 있는 탄력이 있다.

'나는 잘할 수 있다.' '나는 이겨낼 수 있다.' '나는 더 높이 날아오를 수 있다.'

역경은 또 다른 의미의 삶의 탄력이 될 수 있다. 역경을 통해 당신의 뇌는 긍정적 생각이 습관화할 것이고 그로 인해 회복탄력지수는 무한히 높아질 것이기 때문이다.

말은 그 사람의
人品이다

말은 그 사람의 人品이다.

"침묵은 금이요, 웅변은 다이아몬드다." - 스위스 교육자 '페스탈로치'

"말은 모든 학문의 어머니이며, 말을 아름답게 하는 것은 인간관계의 최상의 기본이다. 이 시대에 대중 앞에서 자신이 없이 머뭇거리는 자는 절대로 리더(지도자)가 될 수 없다."

- 적극적인 말 한마디가 활력을 가져다주고
- 긍정적인 말 한마디가 실패를 몰아내고
- 자신감 있는 말 한마디가 내 인생을 밝혀주고
- 활기 있는 말 한마디가 즐거움을 안겨주고
- 자신 있는 말 한마디가 위기를 극복하고
- 소신 있는 말 한마디가 대업을 달성하고
- 감정이 살아 있는 말 한마디가 모든 이의 마음을 움직인다.

프레젠테이션, Speech
능숙한 멋쟁이가 되기 위해서는?

1. 대화를 즐길 줄 알아야 하며

2. 유익한 말을 많이 하여야 하며

3. 상대방에게 호감 가는 말을 하여야 하며

4. 상대방의 말을 온몸으로 들어주어야 하며

5. 자신의 마음을 항상 기분 좋게 하여야 하며

6. 다양한 화제를 통하여 분위기를 살려야 하며

7. 상대방을 좋아하고 진실한 마음을 가져야 하며

8. 항상 말의 자료를 수집하고 기억하고 활용하여야 하며

9. 상대방이 한 말을 꼭 기억하고 메모하는 습관을 가져야 하며

10. 무엇보다 인격 수양에 최선의 노력을 기울여야 합니다.

08

삶의 균형을 잡아주는 등짐

언젠가 인디언들의 삶의 이야기를 들은 적이 있다. 자연을 친구 삼아 살아가는 그들은 자연에서 살아가야 할 방법을 스스로 터득한다. 그들이 강을 만날 땐 좀 특이한 방법으로 강을 건넌다는 것이다. 강을 건너기 위해 중간중간에 돌덩어리를 놓고 그 위를 건너가는 것은 우리와 비슷한 방법이지만 강을 건널 때 반드시 등에 꽤 무거운 짐을 지고 간다는 것이다. 왜 그럴까? 물살이 센 강을 건너는 일도 힘들 텐데 무거운 짐까지 지고 가려니 그들이 어리석다고 느껴질 수도 있을 것이다.

하지만 그들은 지혜롭다. 등에 짐이 있어야 몸의 균형이 잡히기 때문에 앞으로 쏠리거나 넘어지는 일을 방지할 수 있다는 것이다. 그 이야기를 들으며 인디언들의 지혜에 사뭇 감탄한 적이 있다.

생각해보면 인디언의 지혜가 우리의 삶에게도 있으셨던 것 같다. 예전에 시골에서 자랄 때 집안일을 돕기 위해 나뭇짐도 지고 논일도 해야 했다. 아버지를 따라 산에 나무를 하러 가는 날은 괜히 잠자는 척 꽁무니를 빼기도 했지만 야트막한 꾀는 통하지 않았다. 툴툴거리는 기분으로 아버지를 따라가다 보면 아버지는 늘 지게를 등에 지셨다. 오르막길에서는 몸을 가볍게 해야 하는데도 묵직한 지게를 꼭 지고 계시는 것이다.

"아버지, 그 무거운 걸 왜 지고 계세요?"

"음… 이래야 중심이 잘 잡힌다. 적당히 짐을 지고 있어야 넘어지지 않지."

그때는 그런가보다 했는데 지나고 보니 그것이 지혜였다.

아마 아버지나 인디언들이나 등에 진 짐의 소중함을 진작에 깨달았던 것 같다.

살다 보니 등에 져야 할 짐이 많다는 것을 느낀다. 사람들 저마다 등에 크고 작은 짐들을 얹고 산다. 아마 한 사람도 짐이 없는 이들은 없을 텐데도 어떤 이들은 자신의 짐이 너무 무겁다며 불평하고 때론 억지로 내려놓으려 한다. 내려놓으면 날아갈 것 같겠지만 현실은 그렇지 않다. 내려놓으면 오히려 앞으로 고꾸라질 수 있다. 하여 적당한 짐이 등에 얹혀 있을 때 '아… 내가 균형을 잘 잡고 있구나.' 생각하면 된다.

예전에 할머니께서 '대문 열고 들어가면 문제없는 집 없다.'는 말씀을 종종 하시곤 하셨다. 누구나 문제를 안고 살기 때문에 그것을 각자 잘 이겨내면 된다는 의미였을 것이다. 그러므로 자신의 등에 얹혀진 등짐을 자신이 교만하지 않으려고 하는 마음의 추라고 여겼으면 좋겠다. 그래야 억지로 벗어던지지 않고 무게에 짓눌려 쓰러지지도 않을 테니 말이다. 그런 의미에서 정호승 시인의 '내 등에 짐'이란 시는 절망적인 상황에서 긍정을 찾는 이들에게 너무도 위로가 되는 글이리라.

내 등에 짐

내 등에 짐이 없었다면

나는 세상을 바로 살지 못했을 것입니다

내 등에 있는 짐 때문에 늘 조심하면서 바르게

성실하게 살아왔습니다

이제 이제 보니 내 등의 짐은 나를 바르게 살도록 한

귀한 선물이었습니다

내 등에 짐이 없었다면

나는 사랑을 몰랐을 것입니다

내 등에 있는 짐의 무게로 남의 고통을 느꼈고

이를 통해 사랑과 용서도 알았습니다

이제 보니 내 등의 짐은 나에게 사랑을 가르쳐

준 귀한 선물입니다

내 등에 짐이 없었다면

나는 겸손과 소박한 기쁨을 몰랐을 것입니다

내 등의 짐 때문에 나는 늘 나를 낮추고 소박하게 살아왔습니다

이제 보니 내 등의 짐은 나에게 기쁨을 전해 준

귀한 선물이었습니다

물살이 센 냇물을 건널 때는 등에 짐이 있어야

물에 휩쓸리지 않고

화물차가 언덕을 오를 때는 짐을 실어야 헛바퀴가 돌지 않듯이

내 등에 짐이 나를 불의와 안일의 물결에

휩쓸리지 않게 했으며

삶의 고개 하나하나를 잘 넘게 하였습니다

내 나라의 짐, 가족의 짐, 직장의 짐, 가난의 짐

몸이 아픈 짐, 슬픈 이별의 짐들이

내 삶을 감당하는 힘이 되어

오늘도 최선의 삶을 살게 합니다

타인을 내 편으로 만드는
10가지 방법

1. 공통점을 찾아라

2. 자신의 고민을 공개하라

3. 유머 감각을 키워라

4. 너무 말을 잘해도 마이너스

5. 먼저 상대가 원하는 것을 주어라

6. 푸념하지 말라

7. 당신의 주장을 단도직입적으로 말하지 마라

8. 말하기보다 먼저 들어라

9. 서두르지 마라

10. 고집 센 사람들은 외로운 사람들이다

지혜롭고 아름다운
삶을 위하여

- "한번 해보겠습니다!"라는 말을 하자
- 개척정신을 길러라
- 아는 것을 실천하자
- 메모하는 습관을 기르자
- 출세주의는 나쁜 것이 아니다
- 그곳에 있는 것만으로 기분 좋은 사람이 되자
- 음미하는 시간을 가져라
- 나만의 개성을 발휘하라
- 내 주위의 사람을 소중히 여겨라
- 여유를 가져라

09

나에게 주는 하프타임

옛말에 넘어진 김에 쉬어가라는 말이 있다.

흔히 넘어졌다고 표현할 때 사람들은 어떻게 하면 빨리 일어설까에 집중한다. 아이를 키우는 엄마도 아장아장 걷는 아이를 보면서 흐뭇해 하지만, 그 아이가 뒤뚱거리며 넘어지기라도 할라치면 '응… 어서 일어나. 씩씩하게 다시 걸어 봐.' 독려한다. 시험을 망치거나 대학입시에 좋은 결과가 나오지 않았을 때에도 '그래 넘어졌으니 괴롭지? 어서 일어나. 다시 시작해.'라며 재촉한다.

왜 우리는 넘어진 김에 쉬어가지 못하는 것일까? 인생은 끊임없는 도전의 연속이라 그럴까, 경쟁사회의 폐단일까, 왠지 뒤쳐질 것 같은 생각 때문에 넘어짐과 동시에 일어섬을 배우는 지도 모르겠다.

과일나무들은 해거리라는 것을 한다고 한다. 해거리, 1년 동안 아무것도 하지 않고 나무가 열매 맺는 것을 쉬는 것을 말한다. 병충해를 입은 것도 아니고 토양이 나빠진 것도 아닌데 열매 맺는 것을 쉰다는 것이다. 왜일까? 오직 살아남기 위해서라고 한다. 이 해거리 기간 동안 나무는 모든 신진대사 활동 속도를 늦추며 재충전하는 데에만 신경을 쓴다. 자기 스스로에게 휴식을 주는 것이다. 해거리 이후의 나무는 어떻게 변해있을까. 이전보다 더 풍요로운 열매를 맺고 윤

택한 성장을 한다.

어디 나무뿐이겠는가. 성직자들도 자기 스스로에게 재충전할 수 있는 기회인 안식년을 갖는다. 뭔가 열심히 일을 하다가 손을 놓고 쉰다는 것이 쉬운 일이 절대 아니다. 더군다나 절망의 상황, 즉 넘어진 상태에서 손을 놓는 것은 더더욱 어려울 것이다. 그러나 그럴 때일수록 휴식이 필요하다.

2002년 한일 월드컵의 뜨거운 열기를 기억할 것이다. 아직도 대~한민국이란 말만 나오면 다섯 번의 박수를 치며 호응하게 만든 힘, 2002년 월드컵이 미친 영향이다. 그 당시 우리나라가 역대 최강 성적인 4강전에 오른 것으로 인해 국민들이 축구에 열광적이었던 것은 아니었다. 홈그라운드의 장점도 있었지만 열화와 같은 응원을 등에 업고 열심히 뛰어준 우리 선수들의 땀과 열정 때문에 축구 사랑이 더욱 깊어졌을 것이다.

그런데 그중에서도 2002년 월드컵의 영웅으로 히딩크 감독을 꼽을 수 있다. 그의 뛰어난 용병술과 리더십은 과연 최고라는 평가를 이끌어내기에 부족하지 않았다. 그 전까지 외국 감독들이 대표팀을 이끌었지만 이렇다 할 성적을 내지 못했다. 그런데 히딩크가 부임하고 난 뒤 선수들의 분위기가 달라졌다. 경기를 치를 때면 선수들이 그동안 숨겨왔던 기량을 발휘했으니 무슨 이유가 있었을까.

히딩크 감독의 리더십은 락커룸에서 발휘되었다고 한다. 축구에는 전반전과 후반전 사이에 하프 타임이 존재한다. 너무 오랜 시간 뛴 선수들에게 일종의 휴식 시간을 주는 것이다. 그런데 이 하프 타임이

되면 히딩크 감독이 선수들이 있는 락커룸에 들어와 그토록 칭찬과 격려를 했다는 것이다.

'잘하고 있어. 지금처럼만 하면 돼.'

전반전에 죽을 쑨 선수들이 축 처진 어깨로 락커룸에 들어와도 감독은 부족한 부분을 지적하며 전략 전하기에 급급하기보다는 충분히 휴식을 취하게 하는 동시에 칭찬과 격려를 이어갔다는 것이다. 팀을 이끄는 수장의 전략은 휴식과 격려였던 것이다.

그러자 놀라운 일이 벌어졌다. 2002년 월드컵에서는 후반전에 우리 선수들이 실력을 발휘하여 역전의 영광을 많이 누렸는데, 이 하프타임을 잘 보낸 선수들이 파이팅했기 때문이라고 한다. 선수들 스스로 잘 풀리지 않는 상황에 좌절했을 수도 있지만 감독은 격려를 통해 선수들이 휴식 시간을 통해 재충전할 수 있도록 해 주었기에 가능한 일이었다.

스포츠에서만 하프 타임이 중요한 것은 아니다. 인생 굽이굽이 어려운 상황이 다가올 때에도 잠깐의 휴식, 하프 타임이 반드시 필요하다. 인생을 마라톤이라 하는 것처럼 우리의 인생은 길다. 그러니 하루 종일 움직이는 시계 초침도 아니고 감정과 감성이 있는 우리에겐 해거리가 있어야 한다. 넘어진 김에 쉬었다가 꽃도 보고 나무도 보고 콧노래도 흥얼거리는 여유를 스스로에게 주었으면 좋겠다.

해거리를 잘 보낸 나무가 더 풍요로운 열매를 맺는 것처럼, 하프 타임을 잘 보낸 선수들이 더욱 파이팅하여 국민에게 감동을 선물하는 것처럼 절망의 순간에 자신에게 주는 휴식은 생각지도 못한 놀라운 결과를 가져올 수 있다. 넘어졌을 때 자신을 쉬게 하자. 조금 늦어도 괜찮다. 넘어진 김에 자신을 추스르고 다시 일어나 더 멀리 뛰면 된다. ✑

심신수련 자기조절
〈스티븐 코비가 말하는 성공한 사람들〉

1. 주도적이 되라: 주변 환경 핑계를 대지 말고 자기 人生을 개혁하라.
2. 목표를 확립하고 행동하라: 개인적 사명감과 그 의미를 충분히 이해한 후 행동하라.
3. 소중한 것부터 먼저 하라: 우선순위를 정해서 주어진 시간에 최적의 가치 창출을 하라.
4. 상호이익을 추구하라: 나 자신의 이익뿐 아니라 다른 사람의 이익을 생각하라.
5. 경청한 다음 이해시키라: 개방적 태도를 기를 수 있는 습관을 가져라.
6. 시너지를 활용하라: 다른 사람과의 차이점과 새로운 정보를 터득하라.
7. 심신을 단련하라: 위의 모든 것을 자발적인 행위로 전환시키는 원동력은 체력과 정신력에서 온다.

희망을 부르는 무지개 원리

긍정적인 생각을 하라   말을 다스려라

지혜의 씨앗을 뿌려라   습관을 길들여라

꿈을 품어라   절대로 포기하지 말라

성취를 믿어라

10

펀(Fun) 마인드 컨트롤

미국 로마린다 의대 리버크 교수팀은 심리신경면역학 연구학회에서 웃으면 면역기능을 강화된다는 연구 결과를 발표했다. 이들은 폭소 비디오를 보고 난 뒤 혈액을 뽑아 항체를 조사했더니 병균을 막는 항체인 인터패론 감마호르몬의 양이 200배나 늘었다고 했다. 리버크 박사는 18년간 웃음의 의학 효과를 연구하면서 결론 내리기를 웃음이야말로 참 의학이라고 했다. 행복해서 웃는 게 아니라 웃기 때문에 행복해진다는 상투적인 말이 더욱 필요한 시점이란 생각이 든다.

오랜 역사를 지닌 한국 사람들은 본래 정취와 풍류를 아는 민족이었다. 선비정신으로 삶의 여유를 즐길 줄 알았으며 웃음을 나눌 줄 알았다. 그런데 사회가 변해가면서, 서양에서 수백 년에 걸쳐 산업화에 성공했던 것을 불과 3-40년이란 시간에 성공시키며 본성도 변했다. 앞만 보고 달려가다 보니 삶을 돌아볼 줄 아는 여유도 사라졌고 여유 있는 삶을 통해 얻을 수 있던 웃음도 잊혀졌다.

한 조사에 따르면 어린이는 하루 400번을 웃고 어른은 15번 웃는다고 한다. 버클리 대학의 연구팀에서는 각 나라별 국민들이 어느 정도나 웃으며 사는지 알아보았는데, 이탈리아 사람들은 하루 19번, 프랑스는 18번, 독일은 여섯 번 웃는다는 결과가 나왔다고 한다. 우리

한국은 어느 정도나 되었을까? 한국의 경우 독일과 비슷한 6-7번이라고 나왔다. 그만큼 우리는 웃음을 많이 잃고 살아간다. 웃을 거리가 이토록 없는 세상에서 그토록 바쁘게 살고 있다는 사실이야말로 절망적인 상황 아니겠는가 말이다.

웃음을 회복했으면 좋겠다. 상황이 좋지 않다고, 위기나 절망에 빠졌다고 해서 인상 찌푸리고 앉아 있다 한들 해결책은 나오지 않는다. 갈수록 높아져가는 우울증의 비율에만 힘을 보탤 뿐이다. 웃음은 꼭 다른 상황으로 인해, 재미난 사람을 통해 얻어지는 것은 아니다. 스스로 찾으면 된다. 스스로 재미있을 만한 일을 찾아 하거나 재미있을 거리를 찾아 웃을 환경을 만들면 된다. 폭소 비디오나 개그 프로그램

도 좋다. 하다못해 유치한 유머집도 좋다. 웃을 거리를 만들어 자신의 마음을 쉬게 해 주고 여유를 주고 틈을 주었으면 좋겠다. 그래야 마음의 창이 열리며 환기가 될 테니 말이다.

예부터 실없이 웃는 사람을 바보라 불렀다. 그러나 요즘 들어 그 바보가 얼마나 대단한 위력을 지녔는지 차동엽 신부는 『바보존』이란 책을 통해 새로운 시각을 제시했다. 그 책에 나오는 내용 중에 절망에 빠진 이가 선택한 바보요법에 바로 웃음의 미학이 담겨 있어 소개하고자 한다.

유모 씨는 2000년 간암이 발병된 이후 세 차례의 수술을 받았지만 암세포가 폐와 늑골까지 전이되었다. 결국 수술을 포기하고 방사선 치료를 병행하며 선택한 것이 바보요법이었다는 것이다. 그 요법인즉슨 치료를 받는 동안 항상 웃는 것이다. 시도 때도 없이 크게 웃으니 바보 소리 듣는 건 당연한 일이었는지도 모른다.

그는 바보요법에 충실했다. 약을 먹을 때도 약병에 기도하고 뽀뽀도 했으며 모든 일에 감사하며 웃었다. 노래를 틀어놓고 흥얼거렸고 흥이 나면 개다리춤도 추며 바보처럼 웃었다. 그렇게 실없이 웃기를 5년, 2005년 초 대학병원에 가서 정기검사를 받은 결과 모든 암이 사라졌다는 기적 같은 판정을 받았다는 것이다. 게다가 지금까지 건강을 유지하고 있다고 하니 웃으면 복이 온다는 옛말이 하나 틀리지 않은 셈이다.

이제 우리는 Fun 마인드 컨트롤이 필요하다. 가능하면 모든 상황을 웃을 일로 받아들이는 것이다.

조선시대 숙종 임금이 야행을 나갔다가 어느 움막에서 배어 나오는 웃음소리를 듣고 이유를 물었더니 주인이 '빚도 갚고 저축하며 부자로 살아서 저절로 웃음이 나오네요.' 라는 대답을 했다고 한다. 실제로 상황을 알아보니 그들은 아주 가난하고 형편없었다. 그러자 주인장이 다시 대답했다고 한다.

"하하... 부모님을 봉양하는 것이 곧 빚을 갚는 것이고 제가 늙어 의지할 아이들을 키우니 이게 바로 저축이지요. 이보다 더 부자일 수 있겠습니까? 하하하"

웃고자 하면 모든 것에서 웃을 수 있다. 절망도 웃음으로 충분히 극복할 수 있다.

Tip. 웃음으로 알아보는 사람들의 성격

웃음으로 사람들의 성격을 어느 정도 가늠할 수 있다. 다음은 해피 스마일 연구소에서 올린 웃음으로 알아보는 사람들의 성격에 관한 내용으로 일부를 소개한다. 당신은 어디에 속하는지 알아보자.

** 활짝 웃는 사람

솔직하고 진실하며 열정적이다. 자발적으로 남을 도와주며 우정도 깊다. 또한 어떤 일을 결정하면 행동에 옮기며 결단력과 신속성이 있기에 신뢰성도 깊다. 그러나 겉으론 매우 강해 보여도 마음이 약한 내유외강형일 가능성이 크다.

** 배를 움켜쥐고 웃는 사람

대부분 성격이 밝고 애정 넘치며 동정심이 많다. 자신이 할 수 있는 한 남을 도와준다. 유머가 많으며 기쁨을 나누는 것을 좋아한다. 자신의 동료나 친구가 성공할 때도 질투하지 않고 진심으로 축복해준다.

** 웃음을 멈추지 못하는 사람

자신의 감정을 감추지 않는 사람으로 사람들과의 대화에 거리낌이 없고 자신의 생각을 바로 전하는 시원스러운 스타일이다. 작은 것에 연연하지 않고 도와주는 데에서 기쁨을 찾는다.

** 눈물을 흘리며 웃는 사람

감정이 풍부한 사람으로 동정심과 애정이 넘친다. 자신의 삶을 사랑하여 자신의 공간을 다양하게 꾸미는 것을 좋아한다. 일이 잘못되어도 좌절하지 않고 자신의 뜻을 끝까지 추진하는 스타일이다.

** 온몸으로 웃는 사람

솔직하고 진실하게 남을 대한다. 자신을 숨기지 않고 친구가 부족해 보일 때도 망설임 없이 지적해 준다. 애정이 넘치지만 너무 넘쳐 다른 이의 감정을 상하게 할 수도 있다.

** 웃음소리가 지나치게 큰 사람

자신을 표현하는 것을 좋아하여 떠벌리기 좋아한다. 그러나 실제적으로는 냉정한 성격이며 신중하게 일을 처리하는 편이다.

** 항상 미소를 짓는 사람

내성적이고 부끄러움이 많지만 이성적인 사람이다. 일할 때 신중하여 객관적인 상황을 관찰하고 결정할 줄 안다. 남에게 자신의 생각을 쉽게 털어놓지 않으며 남에게 친절하다. 로맨틱한 것을 꿈꾸기에 낭만적인 분위기를 만들기 위해 큰 대가를 지불하기도 한다.

** 이가 보이도록 웃는 사람

전형적 낙천파로 활발하고 명랑한 성격이다. 호기심이 많고 대범하며 개방적이다. 자기 맘대로 생활하는 편이므로 동성과 이성 모두를 똑같이 대해 때론 가벼워 보일 수도 있다.

** 조심스럽게 몰래 웃는 사람

냉정한 사람으로 자기 보호의식이 강하고 생각이 깊다. 치밀한 계획이 없으면 절대 행동하지 않으므로 업무에 능동적이지 못하고 책임을 지지 않으려는 단점이 있다. 보수적 성격으로 부끄럼을 잘 타는 편이며 마음을 드러내는 일을 꺼려한다. 그러나 한번 친구가 되면 어떤 어려움이라도 함께한다.

** 가짜 웃음을 구분하는 법

웃음은 눈의 근육을 움직이게 하므로 눈가에 주름이 생기기 마련이다. 거짓 웃음은 근육이 움직인다 해도 주름이 빨리 사라진다. 또한 웃음을 멈추는 타이밍을 포착하지 못하며 얼굴 근육들이 서로 대칭되지 않는다. 게다가 웃음의 시작과 끝이 모두 갑작스럽다.

행복해지는 법

1. 날씨가 좋은 날 석양을 바라본다 - 지는 해가 우아하고 아름답다

2. 좋아하는 향수를 곳곳에 뿌린다 - 분위기 바꾸기

3. 하루 3번 이상 10분 이상 환하게 웃는다 - 웃는 얼굴 갖기

4. 하고 싶은 일을 적어두고 하나씩 해본다 - 규칙적인 생활

5. 몰입할 수 있는 취미를 만든다 - 내가 제일 좋아하는 취미

6. 음악을 크게 돌고 마음 내키는 대로 춤춘다 - 스트레스 해소

7. 매일 나만의 공간에서 나만의 시간을 30분 이상 확보한다

   - 명상 갖기

8. 고맙고 감사한 것을 하루에 하나씩 적어본다

9. 우울할 때 혼자 찾아갈 수 있는 비밀장소를 만든다

10. 멋진 여행을 계획하고 실행한다

아름답게 웃는 얼굴은
다음과 같은 운세를 호전시킨다

1. 건강해진다
2. 인간관계가 좋아진다
3. 승진하거나 사업에 성공한다
4. 부와 명성을 얻는다
5. 사는 기쁨을 알게 된다

웃을 일을 자꾸 만들고
조용한 시간을 만들어

거울을 들고
웃는 연습을 하자~

스마일그룹에서 하는일

스마일그룹

자연에서 우리는 긍정을 배웁니다. 긍정은 웃음에서부터 출발한다고 합니다. 나 하나가 만드는 웃음이 주변을 웃게 하고, 대한민국을 웃게 하고 나아가 긍정에너지를 빛나게 함은 물론입니다. 제가 현재 몸담고 있는 스마일그룹은 '스마일'이라는 슬로건으로 대한민국에 행복 바이러스를 전파하고자 합니다. 스마일그룹이 일구는 미래에 여러분을 초대합니다.

회사소개 **

주식회사 스마일그룹은 환경을 아름답고 가치 있게 기획, 설계, 재생하는 회사입니다.

전문공사업조경시설물설치공사업 및 조경식재공사업으로 출발하여 엔지니어링활동주체조경, 산림토목, 나무병원, 엔지니어링활동주체농림, 도시림 조성 등으로 영역을 확대해 나가고 있습니다. 끊임없는 도전을 통해 스마일그룹은 최고의 기술력을 갖춘 종합환경개선회사로 거듭나고 있습니다.

1. 연혁 **

2005. 04. 조경시설물 설치 공사업 등록제이스 건설

2008. 11. 랜텍 설립목재사업부

2008. 12. 토피어리 사업부 설립

2009. 08. ㈜스마일그룹으로 상호 변경

2009. 12. 엔지니어링활동주체조경 신고

2010. 02. 권민정 대표이사 취임

2012. 02. 산오름주식회사 설립

2015. 07. 효원랜드 설립

2. 상훈 **

2007. 04. 대한주택공사사장 표창장대표자

2009. 04. 서울특별시장상대표자

2013. 09. 구로구청장 표창장

2013. 10. 환경부장관 표창장

3. 회사 영업 종목 **

조경식재 공사업 / 조경시설물설치 공사업 / 조경설계용역업 /

토피어리사업 / 관상수 판매업 / 조경관리 용역업/

나무병원 / 산림토목 / 도시림 등 조성

4. 등록 및 신고현황 **

1) (주)스마일그룹

전문건설업 조경식재공사업, 조경시설물설치공사업

엔지니어링활동주체 조경

2) 산오름(주)

나무병원 / 산림토목 / 도시림 등 조성 /

엔지니어링활동주체 농림 / 숲길, 숲가꾸기, 도시림 등 조성설계 /

사방, 임도설계

3) (주)효원랜드

산림토목

5. 조직도 **

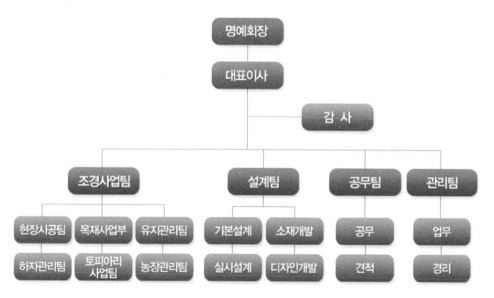

만물이 생동하는 봄을 맞아
자연이 선사하는 긍정 에너지가
팡팡팡 샘솟으시기를 기원드립니다!

권선복
도서출판 행복에너지 대표이사
한국정책학회 운영이사

현대인은 늘 도시 생활에 익숙해져 있습니다. 문명이 발달할수록 도시 역시 함께 발전하며 삶은 그만큼 편리해집니다. 하지만 틀에 박힌 일상 속에서 콘크리트와 아스팔트 숲 속을 거닐다 보면 과연 행복한 삶은 무엇인가라는 생각이 들곤 합니다. 푸른 숲과 들판, 맑은 물이 흐르는 개울과 시원한 공기. 조금이라도 기회가 생길 때마다 도시를 탈출해 여행을 떠나는 사람들을 바라보면, 역시 자연과 함께하는 것이야말로 진정한 안식과 여유를 느낄 수 있는 삶이라는 것을 깨닫습니다. 온갖 스트레스를 한꺼번에 날려주는 푸른 자연 속에서 며칠만 보내더라도 마음은 굉장히 긍정적으로 뒤바뀌고 몸에는 활력이 넘치기 마련입니다.

책 『숲에서 긍정을 배우다』는 도시로 스며드는 아름다운 자연이 우리의 삶을 어떻게 긍정적으로 변화시키는지에 대해 이야기합니다.

현재 환경조경학 분야에서 다양한 강의와 연구를 통해 활동 중인 백림생태문화연구소 임휘룡 대표님의 열정이 고스란히 담겨 있습니다. 서울시 공무원으로 재직하며 도시인들이 어떻게 하면 더 행복하고 긍정적으로 살 수 있을까에 늘 고민해 왔으며 그 결실을 수차례의 수상 경력을 통해 증명해 냈습니다. 이 책 역시 저자의 경험과 연구를 고스란히 담고 있으며, 함께 소개되는 좋은 글들 또한 따뜻한 온기를 머금고 있습니다. 만물이 생동하는 이 따스한 봄날에 어울리는, 좋은 책을 출간하게 해주신 저자에게 큰 감사의 말씀을 올립니다.

삶은 그 자체만으로 아름답습니다. 하지만 자연과 함께하는 삶이라면 더욱 아름다울 것입니다. 이 책이 기계의 부속품처럼 살아가는 현대인들에게, 긍정적인 기운을 불어넣어주는 계기가 되어주길 바라오며 모든 독자분들의 삶에 행복과 긍정의 에너지가 팡팡팡 샘솟으시기를 기원드립니다.

된다 된다 책쓰기가 된다!

오경미, 이은정, 유길문 지음 | 값 15,000원

책 『된다 된다 책쓰기가 된다!』는 CEO를 비롯한 리더들을 위해 '책을 쓰기 위해 무엇을 준비해야 하고 어떠한 과정을 거쳐야 하는가'를 상세하게 담아내고 있다. 특히 다양한 그리스로마신화를 예로 들면서 책쓰기 비법을 설명해주어 독특한 재미를 전하고 있다. 눈을 뗄 수 없게 만드는 신화 관련 미술품들은 그 자체만으로도 충분한 볼거리를 선사한다.

사업에 성공하는 조건

오신우 지음 | 값 15,000원

책 『사업에 성공하는 조건』은 현대경영학에서 여전히 외면되고 있는, 타고난 '소질'과 '운명'의 중요성을 천명하고 있다. 이 독특한 인문경영서는 사업을 하고 있거나 준비 중인 사람이 반드시 알아야 할 2가지 조건 외에도 사업과 최신 경영의 핵심인 가치관 경영, 시스템 경영, 관료주의 혁신 등을 제시하고 있다.

열정으로 이룬 꿈, 마흔도 늦지 않아

이철희 지음 | 값 15,000원

책 『열정으로 이룬 꿈, 마흔도 늦지 않아』는 마흔셋이라는 (업계에서는 많이 늦은) 나이에 정식 은행원의 꿈을 이룬 이철희 전 IBK기업은행 지점장의 인생역정, 성공 스토리, 자기계발 노하우를 담고 있다. 이미 KBS에서 방송된 강연 100도씨를 통해 자신의 이야기를 세상에 알렸지만, 거기에 다 담지 못했던 에피소드와 온기 가득한 삶의 여정이 감동적으로 펼쳐진다.

50년 호텔 & 리조트 외길인생

나승렬 지음 | 값 15,000원

책 『50년 호텔 & 리조트 외길인생』은 평생을 호텔&리조트 사업에 바쳐온 관광 분야의 전문가이자 산증인이 전하는 우리 관광업계의 과거와 미래, 비전과 희망에 대해 담고 있다. 우리 관광업계가 마주한 문제점을 지적하고 동시에 대안을 제시하고 있으며, 장인정신으로 무장한 저자의 열정이 책 곳곳에서 빛을 발하고 있다.

연탄 두 장의 행복

이재욱 지음 | 값 13,500원

현재 부천작가회의 회장이자 수주문학상 운영위원으로 활동 중인 이재욱 소설가의 『연탄 두 장의 행복』 노년층, 이혼녀, 불법체류 외국인 등이 우리 사회에서 겪는 참담한 현실을 생생히 전한다. 제목과는 완전히 다른, 섬뜩한 결말을 담고 있는 『연탄 두 장의 행복』을 필두로 총 아홉 편의 단편소설들이 환희와 슬픔, 불행과 행복을 그려내고 있다.

조력자의 힘

서윤덕 지음 | 값 15,000원

여군 출신의 한 여성이 부모로, 사업의 조력자로, 강사로 살아가며 타인의 행복한 삶을 위해 늘 노력하고 열정을 쏟는 과정에 대해 담은 책이다. 군 생활 중 전우애를 통해 타인을 돕는 기쁨의 참된 의미를 깨닫고 이를 우리 삶에 어떻게 적용할 것이며, 그 작은 도움 하나가 우리 사회를 얼마나 행복하고 풍성하게 만드는지를 가슴 따뜻한 글발로 엮어 내었다.

잘나가는 공무원은 어떻게 다른가

이보규 지음 | 값 15,000원

9급 말단에서 1급 고위공무원으로 나아가는 과정을 경험을 토대로 세세히 기술하고 다양한 자기계발 소스들을 중간중간에 삽입하여 재미와 실용이라는 두 마리 토끼를 한꺼번에 잡아내었다. 한국강사협회와 삼성경제연구소에서 선정한 '명강사'인 만큼 스토리텔링의 탄탄함은 독자의 흥미를 끌기에 충분하다.

긍정에너지

권선복 외 32인 지음 | 값 20,000원

여기 각자의 분야에서 나름대로 성공을 거둔 33인의 멘토가 있다. 수많은 난관을 극복하고 끝내 행복한 삶을 성취한 그들만의 특별한 비결은 과연 무엇일까. 책 『긍정에너지』는 성공을 거머쥐기 위해 반드시 갖춰야 할 자세 '긍정'의 힘이 얼마나 위력적인지를 다양한 목소리를 통해 들려준다.